《科学传奇——探索人体的奥秘》系列丛书

绝对神奇的性别故事

《科学传奇——探索人体的奥秘》
编委会　编著

西南交通大学出版社
·成都·

图书在版编目（C I P）数据

绝对神奇的性别故事 / 《科学传奇——探索人体的奥秘》编委会编著. —成都：西南交通大学出版社，2015.1

（《科学传奇：探索人体的奥秘》系列丛书）

ISBN 978-7-5643-3541-0

Ⅰ. ①绝… Ⅱ. ①科… Ⅲ. ①性别－普及读物 Ⅳ. ①Q344-49

中国版本图书馆 CIP 数据核字（2014）第 262650 号

《科学传奇——探索人体的奥秘》系列丛书

绝对神奇的性别故事

《科学传奇——探索人体的奥秘》编委会　编著

责任编辑	吴明建
助理编辑	姜锡伟
图书策划	宏集浩天
出版发行	西南交通大学出版社 （四川省成都市金牛区交大路 146 号）
发行部电话	028-87600564　028-87600533
邮政编码	610031
网　　址	http: //www.xnjdcbs.com
印　　刷	三河市祥达印刷包装有限公司
成品尺寸	170 mm × 240 mm
印　　张	14
字　　数	227 千字
版　　次	2015 年 1 月第 1 版
印　　次	2017 年 8 月第 4 次
书　　号	ISBN 978-7-5643-3541-0
定　　价	28.00 元

Foreword

前言

性别是生物界一种普遍存在的现象，性别参与的故事，不仅丰富了我们的荧屏，而且深刻影响了我们的生活。动物世界中雄性间争夺异性的血腥斗争，雌雄两性如鱼得水的甜蜜爱情故事，雌雄两性感人的父爱母爱故事……无一不在我们人类社会重复上演着，更加地惊心动魄、精彩纷呈。那么性别究竟是什么？两性之别在哪里，是精卵结合的刹那就决定的独特生理结构上的差别？还是情感和行为上表现出来的差别？第三种性别是怎么回事？易性癖为何会性别错位？为什么有些人的性取向会指向同性？在一分为二的两性二元世界中，古往今来究竟发生了哪些不为人知的故事？本书将带您进入神奇性别的世界，讲述性别的故事。

目录

Contents

第1章

两性之别 /1

性别与性别角色 /2

两性之别 /10

第2章

性别的产生 /35

性别的起源 /36

性别制造三部曲 /48

“成长蓝图”的勾勒者 /56

第3章

性别的秘密 /61

大脑也分男女吗？ /62

先天注定还是后天造就——性别差异的社会文化影响 /74

奇特的“异性效应” /84

漫话爱情 /90

Contents

第4章

性别的社会问题 / 109

两性关系史怪谈 /110

乌托邦式的理想 /134

第5章

隐匿的群体——第三种性别 /155

性别迷离的“阴阳人” /156

那些套着异性躯壳的灵魂 /170

怪异的群体——“阉人”与“人妖” /182

第6章

断背山深处的隐秘世界 /191

历史上的同性恋 /192

同性恋者鲜为人知的生活 /204

性取向与同性恋正解 /210

PART 1

第1章
两性之别

性别是生物界一种普遍存在的现象，性别参与的故事，不仅丰富了我们的荧屏，而且深刻影响了我们的生活。动物世界中雄性间争夺异性的血腥斗争，雌雄两性如鱼得水的甜蜜爱情故事，雌雄两性感人的父爱母爱故事……无一不在我们人类社会重复上演着，更加的惊心动魄、精彩纷呈。那么性别究竟是什么？两性之别在哪里，竟然能令人类社会风云变色？

性别与性别角色

XINGBIE YU XINGBIE JIAOSE

你所不知道的6种层次的人类性别

在整个生物界，也许除了病毒，大多数生物都有性别。性别是生物界同种个体之间普遍出现的一种形态和生理上的差异现象。典型的情况下，一个物种会有两种性别：雄性与雌性。不同性别在形态、生理和行为上均有极为明显的差异。

※ 在整个生物界中，雌雄两种性别构成了生物界的主体

作为生物进化树顶端的人类，我们的性别也分两类，一类是具有雄性特征的男性，一类是具有雌性特征的女性。那么，具有什么样特征的人算男性？什么样的人算女性？如果光让你从人群中进行区分，99% 你可能做出正确的区分；但若是让你对男性、女性下一个准确的定义，即便不必 100% 准确，只需对男女两性做一个相对全面的描述和概括，你都可能一下语塞。其实，在人类世界，性别已经由低等生物世界中单纯的生理性别发展为一个多维的性别概念。

按照视角的不同，我们人类大体可以分出 6 个不同层次的性别。它们分别是：基因性别、染色体性别、性腺性别、生殖器性别、心理性别和社会性别。

基因性别其实就是把某些基因的有无作为判定

※ 人类社会的性别是多维度的

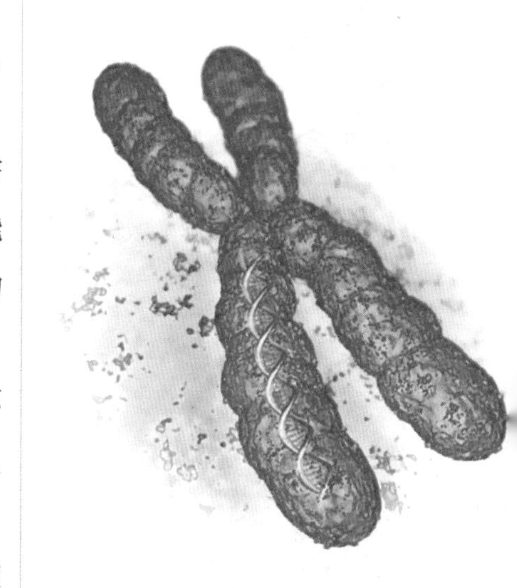

男女性别的依据。现在医学大多把 SRY 基因作为性别确定基因，那些具有 SRY 基因的一般会发育成男孩，不具有 SRY 基因的则会发育成女孩。而按照染色体性别的定义，如果性染色体为 XY 型，则被认定为男性，染色体为 XX 型的则为女性。至于性腺性别，就是根据一个人的性腺是不是睾丸组织来判断一个人是不是男性，根据一个人的性腺是不是卵巢组织来判断一个人是不是女性。生殖器性别就是我们通常意义上所理解的性别，判断一个人是不是男性看他有没有阴茎、阴囊和睾丸，判断一个人是不是女性看她有没有阴蒂、阴唇和阴道，说到底就是根据一个人的外生殖器来判断性别。这四种性别更多是从生理层面上来定义和区分性别，前三种判定性别的方式非常专业，一般用于后面提到的性别发育异常情况下的性别区分和诊断；生殖器性别是我们判断婴

※ 一个人对自己性别的认同是从孩童时代就已经定型了的

※ 我们中的绝大多数人的性别都是正常的

儿性别最直观也常用的方法，多数情况下是准确的。

后面两种性别则超越了生理层面，更多从心理和社会角度来定义和区分性别。

心理性别是指一个人对自己性别的认同。如根据生理性别被判定为男性或女性的人是不是认同自己既有的性别。一般认为，性别认定自 2 岁开始形成，3~5 岁时基本完成。在这个过程中，大多数人都能顺利地实现心理性别和生理性别的重合，进入既定的性别世界。

社会性别我们大家应该说非常熟悉了，就是一个人在社会上生活时的性别符号。我们身份证上面所写的性别就是这里所说的社会性别。这种性别注定了你要被别人称为男孩或女孩、先生或是小姐、叔叔或是阿姨、大爷或是大妈；也注定了你必须选择与你的性别相符的公共澡堂、洗手间或集体宿舍；

西双版纳奇特的婚俗

西双版纳傣族的婚俗带有浓重的母系社会色彩，这里的男子成年后一般都要“嫁”到女家去。在这里，女方拥有选择、考验和休掉男方的绝对权力。男方嫁到女方家中后要接受三年考验。在这三年中男方必须任劳任怨。三年期满后，女方如果不满意便把男方休掉；如果满意这才正式拜堂成亲。而这期间他们可能已经有小孩了。这就是“云南十八怪”中的一怪——“抱着孩子拜花堂”。一旦正式结婚，男女地位发生大逆转，丈夫不再干活，所有地里家中活计包括耕种、收割、筑墙、盖房等重活累活全由女方做。

最重要的是，注定了你将来是要娶妻还是出嫁，做爸爸还是妈妈……

由此可见，人类的性别是一个非常复杂的现象，只有这6个层次的性别都完全吻合的人才可以称得上真正意义上的男人或女人。当然，我们中的绝大多数人的性别都是正常的。

■性别角色漫谈

前面我们从生物角度、心理和社会学角度对性别进行了区别和界定，这种性别定义下的男女在染色体、分泌的激素和生理结构等方面都有着显著的不同。人是一种高等的社会动物，根据我们每个人先天被赋予的性别，社会又赋予了每种性别一种既定的行为及思维模式。我们称之为“性别角色”。

※ 油画作品《镜前的维纳斯》

为了更准确地传情达意，英语语境中，人们一般用“sex”来表示生理层面的性别，一个人的性别非male就是female；用“gender”来表示性别角色，一个人的性别角色非男性化（masculine）即女性化

（feminine）。从本质上看："sex"指的是生物学上的差异，包括染色体、激素、内外性器官等；而"gender"则指的是一个人所展示出的、不同文化赋予性别的行为和特征。

不知大家有没有注意过"♀""♂"这两个符号呢？是否明白它们所代表的含义呢？实际上，这两个符号就是男女两性的性别符号，"♀"表示女性，"♂"是男性的符号。这两个性别符号就来源于人们为性别规定的"性别角色"。

俗话说"女为悦己者容"，从社会文化角度看来，女性往往与美紧密联系在一起，古往今来，无数的文学艺术作品都极尽能事地歌颂女性的妆容、形体美、发质美……总之，有关歌颂美的文艺作品多以女性

※ 男女性别角色的不同很大程度上受到了性别分工的影响

做代言。“♀”象征美神维纳斯手中的镜子，对于这位美神来说，手拿着镜子随时修颜，是件很自然的事情。因此人们用它来表示雌性性别，也就顺理成章了。“♂”这个符号象征古代武士肩上的长矛，上面的箭头表示长矛，下方的圆圈表示武士。在古代人们的思想意识中，男性更多与颇具阳刚之气的武力、争斗联系在一起，因此，武士的形象很自然地被赋予给了男性，用它来作为表示雄性的符号也就合情合理了。

可以说，上述两个性别符号完美地体现了社会为男女两性赋予的性别角色。即，一个真正的，或者说完整的男人（man）应该具有男性的性别（male sex）以及人类文化所定义的男性 / 雄性（masculine）行为与特征；同理，一个真正的，或者说完整的女人（woman）也应该具有女性的性别（female sex）以及人类文化所定义的女性 / 雌性（feminine）行为与特征。用方程式表示可以概括为：

男人（man）＝男性性别（male sex）＋雄性社会特征（masculine social role）

女人（woman）＝女性性别（female sex）＋雌性社会特征（feminine social role）

所谓雄性社会特征，就是说一个人具有动物界雄性的阳刚、果敢、粗犷豪放、进攻性、竞争性、独立自主等特征；所谓雌性社会特征，说的是一个人具有雌性动物的阴柔、保守、胆小、懦弱、依附性等特征。这些特征是人类社会在漫长的繁衍进化发展过程中形成的，是人类脱离动物界后遗留下来的原始性别特征的发展与升华，很多时候还受到了性别分工的影响。

由于生理结构和体能方面的优势，人类从直立行走开始，在漫长的历史时期，男性一直是家庭生产力的主体，无论是从事狩猎、捕鱼、农耕、战斗，还是后来在仕途、事业上的拼搏，男性一直是一个家庭中的顶梁柱，是女性依附的对象，因此被赋予具有进攻性的雄性社会特征也就是自然而然的了。而女性作为生殖的主体、被保护的对象，顺从、温柔、体贴、文雅娴静的女性气质的形成也当然最自然不过了。

当然，不同社会和文化环境对不同性别应该具有什么样的理想行为的要求和期望是不一样的。例如，传统观念中，男人一般外出工作养家，女人一般抚养子女、持家守业。不过，在我国西南某些少数民族地区，女人外出劳作，男人在家“琴棋书画烟酒茶”，带孩子、养宠物、养花弄草、从事工艺创作。又如，在工业社会前的欧洲，医学通常被认为是男性的特权；但是在当时的俄国，卫生保健通常却被认为是女性的工作。在当代社会，这种男性从事医学工作的观念在欧洲依然根深蒂固，现在，欧洲的医院通常是男性的天下，而俄罗斯的医院女性医生则非常多。

※ 不同社会和文化环境对不同性别有不同的要求

两性之别

LIANGXING ZHI BIE

※ 典型的男性面孔

男女两性在生理构成方面存在着天壤之别，在性别角色方面也被社会赋予了与性别相应的行为模式和思维模式，男性化气质和女性化气质泾渭分明。这种对两性差异的认识已经深深植根于社会每一个人的心中，影响着每一个人自身的性别定位和对他人性别角色的评判。下面，就让我们深入两性的隐秘地带，看看男女两性在生理、心理、情感、思维、行为等方面的差别究竟有哪些。

身体地图上的两性之别

提到性别，我们脑海中都会自然而然浮现出骨骼粗壮、充满阳刚之气的男性形象，以及曲线玲珑、柔美可人的女性形象。我们每个人可以说都非常熟悉自己的身体，但是，我们对自己身体的认识也仅限于一种模糊的状态，对异性身体的认识更是如此了。接下来身体地图上的两性之别，我们将目标锁定成年的青年男女，抛开众所周知的两性生殖器官方面的差别，从更多视角看待两性在身体方面的细微差异。

差异一：面孔与五官

男女的脸形主要区别在骨骼结构上，男性骨骼结构比女性要大一圈，因此视觉上男性一般比女性

的脸部要宽大。另外，由于女性脂肪含量高于男性，因此，整体上男性脸庞显得棱角分明，而女性脸庞相对柔和圆润一些。就细微处而言，男性下巴比较宽大，女性下巴比较尖圆；男性额头相对宽广方正，女性额头相对窄小圆润；男性面部皮肤相对粗糙，女性相对细腻；男性眉毛相对短粗浓重，女性眉毛相对修长清淡；男性鼻子较为宽大，女性鼻子较为窄小；男性嘴巴较阔，女性嘴巴较小。

※　典型的女性面孔

差异二：体型与轮廓

其实，男女两性最大的区别就体现在体型和轮廓方面。就人类体型而言，由于长宽比例上的差异，明显地形成了男女各自的体型特点。从人体的整体造型看，男女两性最明显的差异体现在躯干部。从正面看，男性胸部则较为平坦，而女性胸部隆起，高低起伏变化较大；男子肩部相对较宽，女性肩部相对较窄；男性胸腔体积较大，女性相对较小；男性腰部以上发达，女性则腰部以下发达；从男女两性胸腔和骨盆分别形成的两个梯形结构看，男性呈现上大下小的视觉效果，而女子则是上小下大。就臀部而言，女性臀部比男性更为丰满圆润、比男性更有下坠感、比男性更向后突现。此外，男女虽然全身长度的标准比例相同，但男女各自的躯干与下肢相比，女性的躯干部显得较长，腿部较短，而男性则相反。

总而言之，男女在体型方面的差异可以用一句

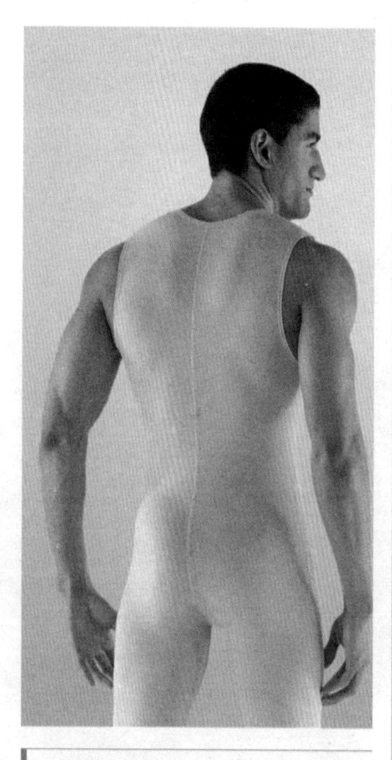

※ 男性躯体

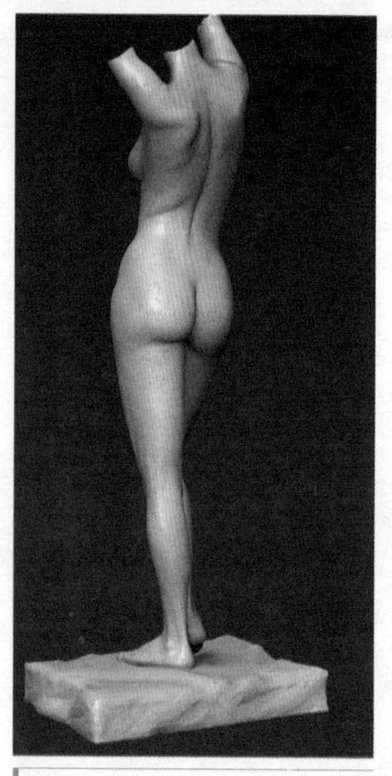

※ 女性躯体

话来概括，那就是女性体型凹凸有致、曲线感强，男性体型变化较小、块面感强。

差异三：骨骼

人体共有206块骨头，不论男女，206块不多也不少，不过，男性各个部位的骨骼都比女性粗壮、比女性长；骨骼表面比女性粗糙，骨质比女性要重。就全身骨骼总重量而言，男性骨骼比女性重了大约20%。这也就是为什么男性看起来没有女性胖，但却普遍体重比女性重的原因。男女骨骼，以盆骨的性别特征最明显，差异最大，其次则为头颅骨和四肢骨。根据盆骨的差异判定男女性别，是法医专家面对无名尸骨时常用的方法，也是最准确的方法。下面简单介绍一下，大家也可以学一点法医断案的绝活。

从外形看，男性的骨盆狭小而高，女性则宽大且矮；从厚度看，男性厚而粗糙，女性薄而光滑；从重量看，男性较重，女性较轻；从骨盆上口看，男性呈心脏形，前后狭窄，女性呈圆形或椭圆形，前后宽阔；从骨盆下口看，男性狭小，女性宽大；从盆腔看，男性狭而深，呈漏斗状，女性宽而浅，呈圆桶状……还有好多技术性很强的区别，这里就不赘述了。一句话，盆骨下端大于90度为女性，反之为男性。男女这种骨盆结构上的差别源于男女在生殖后代方面的分工，在生殖后代方面，男性只是一个遗传基因的提供者和交配对象，而女性还担当孕育胎儿的重任，女性的骨盆就是胎儿分娩的产道，宽大而浅的产道最利于胎儿的娩出。如果女性长着男性那种狭小而深的骨盆，那么胎儿很容易被卡死在产道中，造成绝大多数女性的难产、死产，影响人类种族的繁衍。

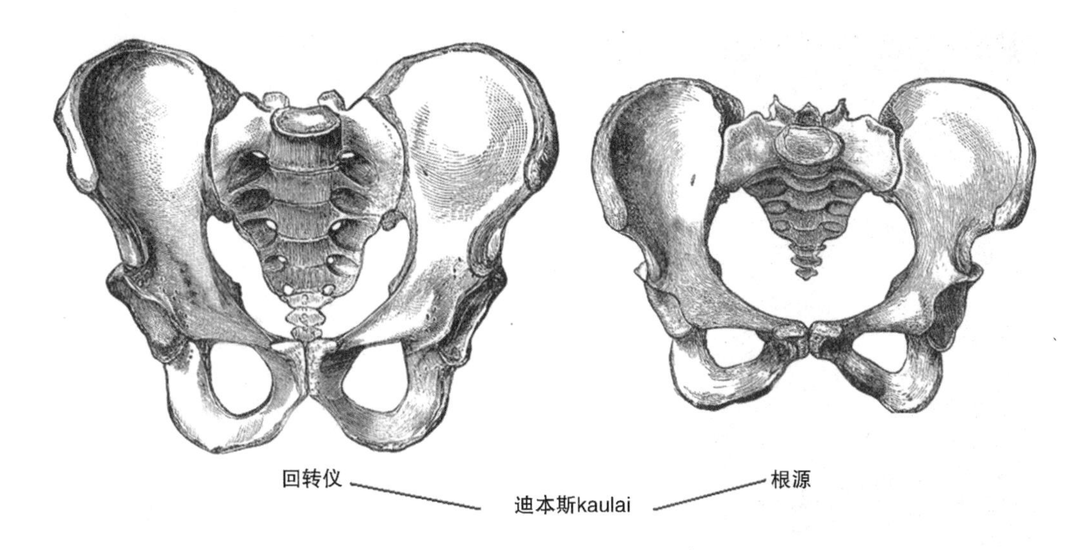

※ 男女骨盆对比图

除了骨盆方面的显著差异外，男女两性的头颅骨也存在较大差异，抛弃太专业的术语，大体而言，那些颅骨粗大、骨面粗糙、骨质较重的，颅腔容量较大的，前额骨倾斜度较大的，眉弓突出显著、眼眶较大较深的，鼻骨宽大、颧骨高大、下颌骨较高、较厚、较大的，一般为男性；反之为女性。人体两性在头颅骨上面的这些差异也就决定了两性呈现给外界的面孔与五官的差异。考古学家和法医专家在对头骨进行复原时，更多也是依据了两性在此方面的差别，将之复原成男性或女性。

四肢骨的差异不像前面盆骨和颅骨的差异那么明显，但也可以从中看出人的性别。一般而言，男性四肢骨粗大且长，女性四肢骨纤细且短；男性四肢骨表面更粗糙、骨质更沉。直观来说，男性的手脚一般要比女性粗大好多，上肢骨和下肢骨都比女性长，这就使得男性看起来要比女性外形显高。

影视作品中，经常会出现男扮女装的情节，男女在骨骼结构方面的显著差异使得男性无论如何装扮，

※　绘画作品中的男性

※　绘画作品中的女性

都显得那么不伦不类，当然，笑料也就出来了。

差异四：肌肉、脂肪与皮肤

肌肉也能体现性别？这显然有点夸张，可事实确实如此。我们常说肌肉男，但几乎没有人说肌肉女的，这是因为男性肌肉普遍比女性粗壮发达。一般来说，男女肌肉总量的比是5∶3；就所含成分而言，因为男性肌肉中所含水分少，而蛋白质和糖的成分较多，因此男性肌肉不仅力量大而且耐性强，再加上前面提到的骨骼方面的优势，这也就是男性比女性更适合体力工作、更能承受较大运动负荷而精力旺盛的原因。

如果用肌肉代表男性的话，那么脂肪可以代表女性了。男女最大的区别就是男性肌肉为主，女性脂肪为主。男性的脂肪组织只有女性的一半，女性脂肪的重量约占自身体重的28%，而男性脂肪只占自身体重的18%。尤其是青春期发育过程中，女性脂肪猛增，在腰部、臀部、大腿部以及乳房等处迅速集结，缔造出丰满的身材和玲珑的曲线；而男性脂肪量不仅不增加，反而逐渐减少。可以说，脂肪为女性增加了无限的魅力。脂肪不仅是为吸引异性而准备的，而且是为生育准备的。作为一种庞大的能量库，一定量的脂肪可以满足胎儿十个月内的生长需要，有利于女性怀孕分娩。

至于皮肤，由于主导男女两性的激素各不相同，加之男女两性在肌肉和脂肪总量方面的差异，因此使男女皮肤表现出一定的性别差异：男性相对粗糙干硬，女性相对细腻润泽有弹性。皮糙肉厚是形容男子的，溜光水滑是形容女孩的。皮糙肉厚使男性更有阳刚之气，溜光水滑也使女性更有女人味。

差异五：内脏器官

男女有别，不仅是在我们从外表能看到的生殖器官方面，也不仅是通过触觉和视觉可以感觉到的那些肌肉、脂肪、皮肤、骨骼、体型轮廓方面，还有一些差别隐藏在身体内部，五脏六腑中，肉眼根本无法洞穿，无法分辨。

我们常说心脏的大小就是我们握拳时拳头的大小，因为男性普遍手大脚大，因此拳头也比女性要大，那么，心脏是不是也是这样子呢？答案是肯定的。男性心脏个头比女性偏大，而且泵血能力强，女性心脏需要多收缩几次，才能泵出与男性等量的鲜血以维持生命的需要。因此，就心率（指每分钟的心跳次数）而言，男性心率要比女性慢。不过，这也带来一个

※　跑步的女性。一般而言，女性的肺比男性要小很多，因此肺活量比较小

问题，在心脏移植中，异性移植的成功率要远远低于同性移植的情况。

肺活量是一次呼吸的最大通气量，在此方面，男性也表现出比女性更强的功能。主要的原因在于男性的肺比女性要大很多。

至于我们消化食物的胃，也有性别差异。男性分泌的胃酸要比女性多，因此消化速度比女性要快很多，消化同样的食物，男性所需的时间要比女性快三分之一左右，这就是为什么男人在饭后总是喊饿，好像总吃不饱的原因。男性除了吃得多、饿得快以外，胃酸分泌多也使得他们比女性更容易患上胃病，可以说，男人的胃更容易受伤。

※ 男女两性中，女性比男性更容易患抑郁症

胆囊是人体一个重要的消化器官，它分泌胆汁，主要用来消化那些比较难消化的蛋白质和脂肪。胆汁由胆盐、磷脂、胆固醇这三种成分组成。有研究证明，男女胆囊中的胆汁成分含量配比是不一样的。而且研究结果显示，女性患胆结石的概率要比男性高 4 倍。

除了上述差别之外，男女两性还有一些其他方面的

细微差别：如女性比男性更容易出现药物副作用，而药物发挥作用的时间女性则比男性要快；女人比男人更容易疼；女性的听觉和嗅觉比男性好；女性对亮光的反应要比男性敏感得多；女性比男性的睡眠质量差；女性比男性更容易患抑郁症；女性比男性寿命长……

※ 气质阳刚的男性

■气质上的两性之别

前面详细列举了男女两性在生理结构和功能方面所表现出来的种种差别，其实，脱掉这层外衣，男女两性在气质上和社会角色上还存在一些差别。我们经常习惯说某某某有气质，实际上，气质是一个中性词，无所谓褒贬。一个人呈现给他人的“脾气”“禀性”，他的思维方式、他的行动特征等共同组合形成了一个人的气质。气质与一个人的性别有关，还与一个人的家庭环境及受教育状况有关。我们可以用很多的词来描述一个人的气质，但用来描述男性的词语却不外乎积极主动、雄心勃勃、冒险、自负、大胆、独立、理性等等；而描述女性的词语也总是温柔、敏感、被动、娇媚、情绪化、文雅、善良、心软、有同情心、感性等等。看来，两性在气质上的差别已经像南北方人或东西方人的差别一样，成为大家的一种共识。下面，就让我们详细考察一下男女两性在气质上有哪些具体的差异。

※ 气质温婉柔媚的女性

差异一：情感的表达与宣泄方面

男女两性在情感的表达与宣泄方面存在较大差异。就情感的表达而言，男性比较直白粗放，而女性则

※ 男女两性在情感的表达与宣泄方面差距很大

比较委婉细腻。男性说话不喜欢兜圈子与他们大胆、主动、进取的雄性气质有关，就这点来说，男性非常务实。女性的委婉隐晦受到他们胆小、柔弱、被动的雌性气质的较大影响，一方面反映出女性在某些方面的不自信，另一方面也表现出女性容易陷入对不切实际的虚幻的追求中。尽管男性在情感表达方面比较直白，有时还非常地主动，但就语言能力而言，他们却比女性要弱许多。我们经常把伶牙俐齿一词赋予女性，却很少有人用它来形容男性。因为相比男性的直白言语，女性更多把精力花在了遣词造句、辞藻修饰方面，因此语言的感染力更强、更吸引人。人们一般能够接受一个少言寡语、深沉内向的男性，却很难接受一个满嘴华丽辞藻，说话云山雾罩的男性。这样的男性往往被人们看作骗子、被认为不靠谱，是人们在子女教育时的反面典型。在人们看来，丰富的词汇、华丽的辞藻是女性的专有属性。有此

先入为主的思想，人们当然也无法接受一个拙嘴笨舌的女性，尤其是妙龄少女。千百年来，在这种社会潮流影响下，终于奠定了今天直白、不善修饰的男性特征与委婉、工于辞藻的女性特征。

※ 从男性扑克牌似的面孔背后，你很难知道他们在想什么

情感的表达除了借助于语言外，很多时候还借助于表情。

在面孔的传情达意方面，女性的表情要比男性丰富得多。用喜怒哀乐溢于言表来形容女性一点也不为过，女性丰富的表情后面是女性诸多方面的情感诉求，如渴望与他人分享自己的快乐，向他人倾诉自己的不幸；相比之下，男儿有泪不轻弹，男人不能软弱，这些传统观念对男性的约束使男性深深地隐藏起自己真实的情感，带上了扑克牌式的面具。男性单调的面容向人们传达着“谁也别想摆布我，谁也不能动摇我，决定权在我手里，一切得由我来决定”。这种面孔传达出来的信息可以阻止任何人知道他们在想什么、感觉是什么。这样的深藏不露使男性在工作中，尤其在两性关系中，往往处于优势地位。而女性不善于控制情感的外露型表情在增加了她们亲和力的同时，也容易受人摆布、遭人控制。

在情感宣泄方面，男女两性的宣泄方式也各不相同。

男性一般不轻易把自己软弱无助的一面示人，因为他们争强好胜，绝不示弱。即使需要宣泄，他们也往往会躲开大家的视线，于无人的角落或陌生场所，通过大声呐喊或运动器材，甚或自残或暴力行为宣泄，总之，他们的宣泄往往是高强度的体力宣泄。在男性和女性之间所有的区别中，最显著的就是两

性表达愤怒时的区别。虽然男人想隐藏其他情感，但他们丝毫不会遮掩怒气。可以说，男人好发脾气，尤其爱动手，袭击妇女或孩子，以及任何让他们心烦的人。

与男性不同，在情感宣泄方面，女性往往把自己的弱者地位发挥得淋漓尽致。一种方式是倾诉，另一种方式是哭泣，还有一种方式是叫骂与吵闹。不管是什么类型的女性，身边总有几个闺蜜，闺蜜除了一起逛街、吃喝玩乐外，更多时候就是彼此充当听众。有开心事情时找闺蜜分享，遇到失意时找闺蜜倾诉，谈恋爱时，找闺蜜把关……不管怎么，倾诉是女性摆脱无助、寻求认同、寻求归属感的一种常用手段。除了倾诉外，女性最擅长的情感宣泄方式是哭泣。据统计，女性哭泣的次数比男性多 4 倍，她们大多是在晚上 7 点到 10 点之间哭泣，可能夜的感觉更能撩拨他们柔弱的一面。可以说，哭泣是女性的专利。在文学作品中，描述女性哭泣的故事与句子数不胜数。与倾诉不同的是，女性的哭泣对象更多选择异性，这是女性非常聪明的一点。倾诉只为博得同性的同情，哭泣则为了唤起异性怜香惜玉之心，不是有诗句形容漂亮女人哭起来梨花带雨惹人怜吗。女人无关乎漂亮，只要长得不难看，她们的哭泣都能唤起异性的怜爱之心。多少帝王将相，多少英雄豪杰，还有多少贪官污吏，身边没有经常哭泣使性子的女人？可以说，哭泣是女人以柔克刚的法宝。哭有哭的技巧，高明的女人拿无言的垂泪或轻轻的啜泣来感化男人、驾驭男人；不高明的女人号啕大哭，或者夹杂不满的唠叨与叫骂让男人远离她们。女人将宣泄发展到极致的就是单纯的叫骂与吵闹，人们称之为泼妇行为，却没有人把它称为泼男行为，就因为男性很少通过叫骂和吵闹来发泄不满，他们一旦出现极度的不满，随之而来的可能是比较激烈的暴力行为，拳脚相加。而某些女性却喜欢运用这种武器从气势上压倒他人。当然，语言暴力女性和肢体暴力的男性在男女两性中相对比较少。

男女在对外界的感知方面也存在明显的差异，主要表现为关注点方面的差异。一般而言，男性不拘小节，因此他们可能对很多细微的信息视而不见，听而不闻，对外界的感知能力显得比较粗糙。而女性由于比较注重细节，因此一点点细微的变化她们

※ 在情感宣泄方面，女性往往把自己的弱者地位发挥得淋漓尽致

※ 及时发现一张愤怒的男性面孔，是一项不可多得的生存优势，在这方面，男性比女性明显占有优势

都能感觉到，并做出反馈。可以说，在对细节的感知方面，男性明显弱于女性。

美国麻省理工学院的一名博士后马克·威廉斯主持了一项旨在揭示男女对外界感知差异的研究，研究过程中，研究人员向参与实验的志愿者展示了78张不同性别、表情各异的人的面孔。志愿者被要求在最短时间内从不同组的表情照片中找出愤怒的面孔。结果显示，不论男女，辨别愤怒表情的面孔要比辨别其他表情的面孔更快一些；但是同样的愤怒表情，男女辨别速度却有明显的差异：男性比女性更容易发现人脸上传达出来的这种信息，而且男性愤怒的面孔总是在第一时间被发现。研究人员认为，男性之所以对愤怒的面孔如此敏感，是出于生存的需要。因为男性在一个家庭中属于抛头露面、在外打拼的，他们面临的威胁和压力要远大于女性。所以，及时发现一张愤怒的男性面孔，是一项不可多得的生存优势。男性在这方面的感知能力就是这样进化出来的。

男女两性这种感官能力方面的差别并不局限于此，还有方向感和空间感方面的差异。

一般来说，男性比女性空间感更强，也更有方向感，他们更容易通过地图准确找到相应的地方。你可以这样对一个男人说：向东北走6公里，然后向

右拐向西南方向走。这样指路对女人毫无用处。向女人指路，你需要说：沿着这条街走 6 公里，你会看到一个加油站，加油站旁有一颗苹果树，现在是春天，苹果树可能开花了。在这里向左拐。再向前走 3 公里左右，那里有一家洗衣店，你要找到的地方就在旁边。总之，女人需要一种非常形象的描述；而男人只要有张地图，告诉他怎么走就可以了。

不过，女性在观察和辨别其他诸如快乐、悲伤、惊讶或厌恶等对社交具有重要意义的表情时要比男性更胜一筹……在研究人员看来，男女两性的面部表情识别系统的差异很大程度上受到了社会分工的

※　在车水马龙的都市，男性可以很容易分清东西南北，而女性则容易晕头

影响，他们面对各自不同的威胁和生存环境，使得对外界的辨别和感知能力也产生了差异。

当然，这些差别也不是绝对的。它们只不过是人们对男女两性在感知能力方面的粗略印象。用个专有名词来说，叫作刻板印象。

差异三：思维方式与思维判断能力

男女在思维方式方面的差异有目共睹，有一个讲述男女两性思维差异的寓言对此做了绘声绘色的描述：

※ 女性的本能是幻想

有一家专营女性婚姻服务的店开张，女人们可以直接进去挑选一个心仪的配偶。这个店共有六层楼，楼层越高，男人的质量也越高，不过，顾客只能选择一次，而且上了一层楼就不能回过头来再逛已经逛过的楼层。其中，一楼写着：这里的男人有工作；二楼写着：这里的男人有工作而且热爱小孩；三楼写着：这里的男人有工作而且热爱小孩，还很帅；四楼写着：这里的男人有工作而且热爱小孩，令人窒息地帅，还会帮忙做家务；五楼写着：这里的男人有工作而且热爱小孩，令人窒息地帅，还会帮忙做家务，更有着强烈的浪漫情怀。几乎所有来店里选老公的女人都会毫不犹豫地走过一楼和二楼，在三楼有所犹豫，在四楼已经非常动心，在五楼几乎没有再上去的勇气，但是，想到顶层的诱惑，所有的女人都选择了继续上楼。具有讽刺意味的是，在第六楼却出现了一面巨大的电子告示牌，上面写道：你是这层楼的第123456789位访客，这里不存在任何男人，这层楼的存在只是为了证明女人有多么不可能取悦。谢谢光临……

不久，在这家女性婚姻服务店街对面又出现一家专营男性婚姻服务的店，经营方式与前者如出一辙。楼层越高女人的质量也越高。第一层的女人长得漂亮。第二层的女人长得漂亮并且有钱……结果，第三层及以上的楼层从来没有男人上去过……

※ 男性的本能是理性

这个寓言故事说明，女人的本能是幻想，是感性思维在主导一切；男人的本能是现实，在男人身上，处处体现着理性的色彩。男女这种巨大的反差有时让人觉得他们是来自不同星球的人。

女性的感性化、爱幻想使得她们总喜欢把简单的事情复杂化，她们称之为情调。男性理性思维、务实的态度使得他们总是能在复杂的问题中直奔主题，迅速找到要害。男女两性这种天性上的差别可能使得彼此在相识初期更吸引异性，当最初的神秘感消失

后，女人会觉得男人粗俗没有情调而抱怨，男人会觉得女人闲得无聊故意找事而烦恼。热播电视剧《王贵与安娜》就把男女之间那种思维方面的巨大反差刻画得淋漓尽致。

男女思维方式方面的差异还不仅仅局限于上面提到的那些，还有分析力、理解力、判断力等方面的差异。一般而言，由于女性更多拘泥于细节，容易忽视整体，因此在需要理性思维的分析和理解能力方面要弱一些，而且很容易陷入个人情感的沼泽而失去判断力。相比之下，男性的分析理解判断能力比较强，更容易做出客观而准确的判断。这也是一个团队中领导者和管理者中男性比女性多的原因。

※ 受思维方式影响，女性行为万物是跟着感觉走

差异四：行为特点

大脑主导人的行为，受观察力、分析力、判断力等方面的影响，男女两性在行为方面也各有特点。

由于男性思维偏理性，女性思维偏感性，因此在行为方面，男女两性也会表现出理性与感性的倾向，

男性的关心主干与女性的关注细节也在行为方面发挥得淋漓尽致。

男性行为一般会在深思熟虑后，且直奔目的，可以说男性行为的目的性、计划性比较强，不容易中途改变目标；而女性的行为往往是跟着感觉走，很容易受外界环境影响而偏离原来的主题。

以去超市购物为例，男性一般会在出门前在纸上列出要买的东西，然后按图索骥，直奔所需物品所在货架，一件件拿起来直接投入购物车，买完单子上所列物品即奔收银台结账。女性即使提前做了购买计划，但是，一旦进入超市，她们很容易被超市的各种打折促销牵着鼻子走，买很多计划外的东西。而且，女性也不像男性那样，拿起东西就走人，她们在购买同一件物品时前后比较，精挑细选，看营养成分，看卡路里含量，看生产日期和保质期……

※ 高效干练的男性形象

男女不同的行事作风使得男性容易给人留下风风火火、高效干练的印象，而女性则容易给人留下慢条斯理、主次不分、缺乏条理的印象。

除此以外，男性在行为方面还表现出爱冒险、好挑战的特点，对挑战体能和智力极限兴致盎然，有时甚至不计后果。而女性在一些具有挑战性、危险性或者不可预知结果的事情上却经常退避三舍，她们更喜欢做她们能力控制范围内的事情，与男性相比，她们更害怕失败。因此，无论是在极地、荒漠、高空、深海等恶劣条件下从事探险活动，还是在赛车、滑雪、高空滑翔等体育赛事中从事危险性的竞技比赛，或者在尖端科学领域从事科研工作，几乎很难找到女性的身影。

男性的这种爱冒险、好挑战的特性使得男性天生就具有一种很强的征服欲，他们喜欢发号施令，做头号人物。他们的行为往有利于成就事业的方向发展就可以说他有进取心，而一旦往反方向发展，就会变成一种侵犯性、攻击性的行为，走向犯罪道路。

一般来说，男性本能中就有一股暴力倾向。他们喜欢争夺东西，因此攻城略地、强取豪夺、争权夺利猎色就与男人画上了等号。同时，男性又喜欢与人保持距离，不喜欢别人挑战他，如果一个人离他太近，他会不安，于是他一般就会采取行动，制止这种行为。犯罪统计提供了有关两性社会行为最引人注目的差异：在世界上的每一个国家，在社会的各个阶层，犯罪者绝大多数是男性。而在暴力犯罪中，85% 的

※ 爱冒险、好挑战是男性与生俱来的一种天性

※ 男性天生具有暴力倾向，因此攻城略地的战争行为与男人画上了等号

※ 统计结果显示，男性是暴力犯罪的主体

谋杀案是男性干的；女性违法者几乎都是为了反抗男性的暴力。

差异五：学习能力与学习成绩

男女两性在学习方面也表现出一定的性别差异，尽管不明显，但却全球通用。在此方面，国内外的研究已经有许多相似结果。

一般来说，女孩在生理和心理方面的发育都比男孩早 1 年左右，因此女孩一般比男孩更早学会说话，更早学会阅读和写字。在幼儿园里，一般女孩

比男孩更如鱼得水，她们比男孩手巧，比较擅长剪贴、分类等，在书写、画画、粘贴方面比男孩占优势。在扩大词汇量组织句子、拼写、阅读、看图说话方面也比男孩子出众。女孩在学习方面的诸多优势一直会持续到初中阶段，之后男孩就会后来者居上，把女孩比下去。这个转折点大约是15岁。15岁之前，各科学习成绩排名靠前的一般都是女孩，大约10岁以后，男孩的数学成绩开始赶超女孩。我国天津市教科院曾经根据国际教育成绩评价协会提供的试题，对30所中学的91 158人次在校中学生进行了物理、化学、生物、地理四学科的测试，结果发现：男生四科成绩均高于女生9至13分。也就是说，文科类记忆型学科，女孩比男孩占优势。然而，在数理化等对空间感、实操性和逻辑推理能力要求比较高的学科方面，男孩的表现则更出众。

※ 一般而言，幼儿园阶段的女孩在学习方面比男孩更出众

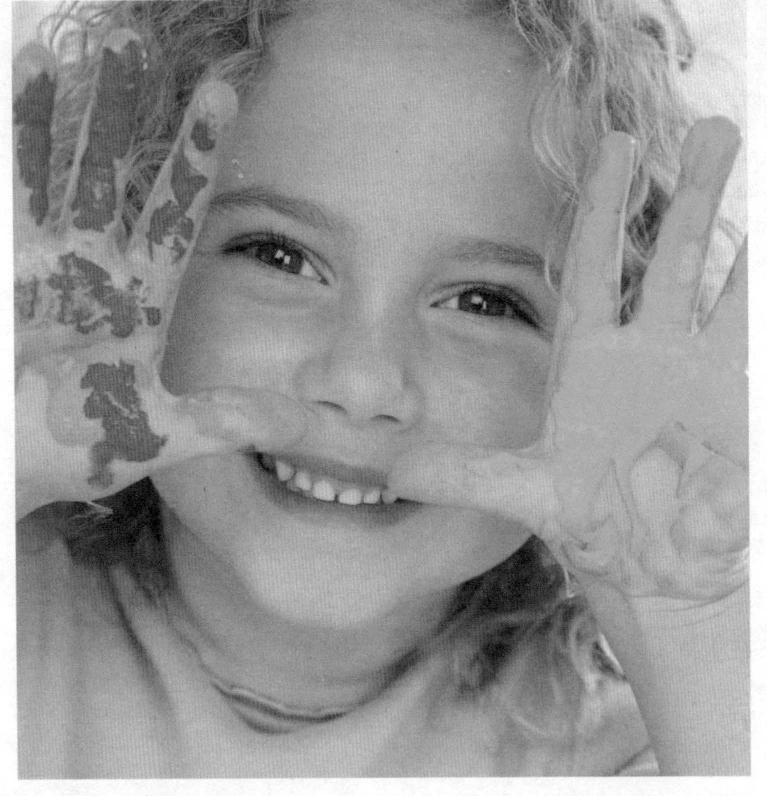

男女两性这种差异发展到成人后，走入社会，除了语言文字能力方面女性占优势外，女性在许多方面将不再具有优势。

不过，由于女孩的注意力比男孩更容易集中，因此

在不同年龄段的男孩和女孩中，女孩子从事需要集中注意力的细致的工作都比男孩子完成得好。而且，由于大多数女孩子在团队协作环境下完成一件事比竞争环境效果更好，因此她们比男性更容易适应团队作战，更具团队精神，协调沟通能力更强。

※ 女性比男性更适应团队作战

差异六：自信心和表现欲

在自信心方面，总体而言，男性的自信心要远远高于女性。不过，似乎自信心也是有时间段的区别的。有研究显示，男孩和女孩在 13、14 岁时的自信程度基本上没有什么不同。13、14 岁后，男孩和女孩的自信心都会不同程度地下降。有意思的是，女孩自信心下降的幅度要比男孩大得多，而且涉及面也更广。大约到了 19、20、21 岁，男女两性的自信心都陷入了谷底。之后自信心开始反弹，令人惊奇的是，男性自信心最终会高于一开始的水平，而女性自

※ 总体而言，男性的自信心要远远高于女性

信心却无论如何也无法恢复到原来的水平了。

一般而言，自信心强的人的表现欲也会比较强。男性尽管语言能力不如女性，但他们的表现欲却要比女性强很多。他们更喜欢在公共场合发表自己对某些热点事件的看法，更喜欢抨击时事。由于自信心不足，女性则更喜欢在公共场合隐藏自己的看法和评判，同样是表达不满和厌恶，她们的言语就要柔和许多。在求职过程中，男性会不遗余力推销自己，有时甚至夸大其词，他们强烈的自信心和表现欲使他们更容易获得更多的工作机会；而女性在表达自己的优势方面往往非常慎重，没有十足把握她们都不敢说自己行，因此很容易给人不自信、没有能力的感觉而被拒之门外。

差异七：压力的承受能力

男女对压力的承受能力也存在较大差异。在人们的印象中，男性总给人一种处事不惊，泰山崩顶而泰然自若的感觉。而女性遇到一点事情就紧张焦虑失眠，甚至很容易就抑郁了。

昆士兰大学心理学系曾经做过一项抗压力研究，研究遭遇突发事件前后，两性所承受的紧张和压力。这些紧张和压力可以通过检测肾上腺素和尿里的其他压力荷尔蒙来衡量。因此非常具有说服力。

分别对成功男性和成功女性所做的压力研究显示，同样是成功人士，男性的抗压力水平明显高于女性。不过，对不成功男性的研究却显示出一个颇有意思的结果：在突发事件发生前，他们的心态非常好，非常自信，可是面对突发事件后，他们却表现得异乎寻常的紧张，测试结果显示他们体内的压力水平相当的高。而且，研究还发现，表现不佳，承受巨大压力的男性回家后一般都不愿意跟家人吐露心声，以便在家人面前保持自己成功的形象。事实是，他们越是这样，心理越是很脆弱。荷尔蒙检测结果显示，当这种情况发生时，男人会承受很大的压力。当这种情况发生在女性身上时，女性的表现却正好相反，她们会把自己的不如意不愉快告诉丈夫，从而使原本很高的压力得到缓解。

因此，我们可以说，男性一般不容易产生压力，他们的抗压力水平普遍高于女性，但一旦产生压力，他们的压力却不容易释放。

差异八：话语交际中的性别差异

在话语交际中的性别差异主要表现在女性强调和谐团结而男性强调权力。女性在交谈中表现得比较合作，通常是大家轮流讲，人人都有说话的机会，很少出现长时间占据发言权的情况。说话过程中，女性尽量保持交流的连贯与顺畅，比较注意听者的反应和参与。她们以提问的方式使对方畅所欲言，或以点头的形式对别人谈话表示感兴趣，并常做出试探或建议性的反应，以使对方能自由阐述自己的观点。相比之下，男性在交谈中常常表现出较强的竞争性和独立性，倾向于由自己来控制话题的选择与说话的机会。在别人讲话的时候，男性的反应较为迟钝，通常是在别人的话讲完之后不置可否，少有肯定、赞同的评论，且反应较简短。男性打断别人说话的情况比女性多，表示歉意的却很少。

※　女性善于通过倾诉排解压力

PART 2

第 2 章

性别的产生

性别是如何产生的？人为什么会分男女两性？从一个小小的受精卵到鲜活的生命，性别又是如何被制造出来的呢？在这一过程中“成长蓝图”的勾勒者又是谁呢？让我们沿着创世神话的足迹和生物进化的脚步，一起走进微妙的性别制造世界……

性别的起源

XINGBIE DE QIYUAN

创世神话中的性别起源

※ 性别的起源与宇宙万物的由来一样困扰了一代又一代的人

从第1章的描述中我们可以看出，男女两性之间无论是在生理构造方面还是在心理、性格与气质方面都存在着天壤之别。大家也许会问，这些差别是如何产生的呢？人为什么会有男女两种性别？这些问题就像第一个人类是谁、宇宙及世间万事万物怎么产生等等诸如此类问题一样困扰了一代又一代的人。而不同时代不同地域的人们又根据自己的理解对性别的产生做出了自己的解释。这些解释包含在各民族的创始神话中，在回答性别起源的同时也回答了人类及宇宙万物起源的话题。

在中国创世神话中，盘古用大斧劈开了孕育他的原始的蛋状宇宙，创造了天地。筋疲力尽的盘古死后，

身体的不同部分幻化成日月星辰、风云雷电、高山大河、树木花草、世间矿藏及鸟兽虫鱼。而后，蛇尾人身的女神女娲又按自己的模样捏泥造人，与女娲形象不同的是，这些泥人被安上了可以直立的双腿，然后，女娲向这些泥人身上分别注入了阴阳二气。那些身上被注入了阳气的泥人变成了男人，而注入阴气的泥人变成了女人。

※　河南南阳汉墓盘古画像

在希腊神话中，普罗米修斯担当了造人的重任。他同样使用了泥土作为造人的材料，不过却从动物心中摄取了善与恶，注入人体，完成了造人工作。不过，由于人类的堕落，天神宙斯联合众神用滔天的洪水毁灭了这批泥人，只有普罗米修斯的儿子丢卡利翁夫妇幸免于难，之后，他们在宙斯默许下再造人类。他们的造人方法比父亲捏泥造人要简单得多，只不过拿起地上的石头向后扔过自己的头顶这么简单。其中，丢卡利翁扔的石头落地后变成了男人，他妻子皮拉扔的石头变成了女人。

在北欧神话中，人类和男女两性却是三位神祇奥丁、威利和维创造的。他们所用的材料是木头，一截是梣树，一截是榆树。其中，梣木被雕刻成男人形象，榆木被雕刻成女人模样，之后，奥丁赐给了他们生命与呼吸；威利赐给了他们灵魂与智慧；最后，维赐给了他们体温和五官的感觉。人类诞生了，男女两种性别也产生了。根据他们的由来，男人被叫作阿斯克（意为梣树），女人被叫作爱波拉（意为榆树）。他们结为夫妻，生儿育女，繁衍至今。

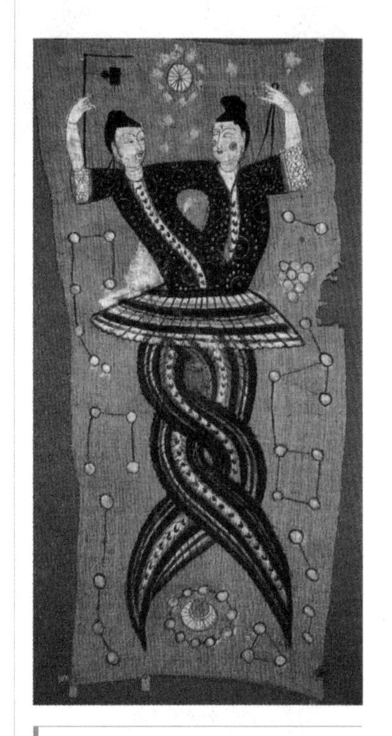

※　中华创世神话中提到的女娲与伏羲夫妇

从神话中一路走来，我们发现了它们在性别起源上的一个共同点，就是万事万物包括人类都是神

※ 希腊神话中的普罗米修斯

※ 北欧神话中的创世神奥丁

造的，性别也不例外。貌似无稽之谈的解释背后至少隐含了一个普遍的真理：性别不是生来就有的。

那么，性别到底是如何产生的呢？伴随着科学的发展，人类逐步走出蒙昧，在探索性别奥秘之路上有了更多的发现。

■生物进化理论破解性别起源之谜

前面提到，宇宙的起源、人类的起源是困扰了一代又一代人的千古谜题，性别之谜也夹杂其中。可以说，回答了人类和生命起源的问题，性别起源之谜也将破解。随着科学的发展，创世神话和宗教教义中的神造人、神造性别的说法开始变得不堪一击。

在科学对抗蒙昧的过程中，有几个标志性的学说和事件对揭开性别起源之谜起到了重要的作用。它们分别是维萨里的解剖理论、植物学家施莱登（Schleiden）和动物学家施旺的细胞学说、达尔文的进化论。

安德烈·维萨里是欧洲文艺复兴时期意大利著名的医生和解剖学家，近代人体解剖学的创始人，与“日心说”的哥白尼齐名。他从荒郊野外秘密寻找尸体进行了解剖，使人类第一次用肉眼观察了人体器官的形态构造。这时人们才发现，男人并不比女人少一根肋骨，人类手掌的骨架和某些鸟类的翅膀竟然非常相似！上帝造人说遭到了质疑。

德国植物学家施莱登（Schleiden）和动物学家施

旺的细胞学说是关于生物有机体组成的学说，他们将生命还原到肉眼看不到的微观世界，认为一切生物（动植物，包括人类）都是由细胞和细胞的产物构成的，细胞是一切生命构成的最基本单位。所有细胞在结构和组成上基本相似。这一学说论证了整个生物界在结构上的统一性，为所有生物找到了共同起源，被恩格斯誉为19世纪最重大的发现之一。细胞学说的提出从一个方面揭示了

※ 近代人体解剖学的创始人安德烈·维萨里

人类与其他生物之间的相似性，也使人这一上帝或神创造的高贵生命走下神坛，回归生物界。

在欧洲文艺复兴的浪潮中，诸多领域的科学理论是互相影响的，在人们从不同领域不同角度追求真理的过程中，对上帝造人说质疑的呼声越来越多。

18 世纪之前，上帝造人说在西方的学术界、知识界，以及整个西方文化中占据着统治地位。当时，这种理论的代表人物还很严肃认真地推理论证说，地球上的万物是上帝在大约 6000 年以前，即公元前 4004 年 10 月 26 日上午 9 点钟创造出来的。这种现在看似疯狂可笑的论断，当时的大多数人却是深信不疑的。

※ 圣经故事中无所不能的上帝

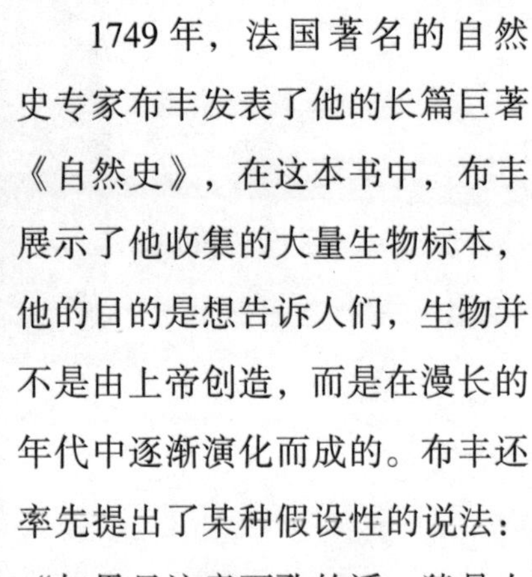

1749 年，法国著名的自然史专家布丰发表了他的长篇巨著《自然史》，在这本书中，布丰展示了他收集的大量生物标本，他的目的是想告诉人们，生物并不是由上帝创造，而是在漫长的年代中逐渐演化而成的。布丰还率先提出了某种假设性的说法：“如果只注意面孔的话，猿是人类最低级的形式，因为除了灵魂外，它具有人类所有的一切器官。如果《圣经》没有明白宣示的话，我们可能要去为人和猿找一个共同的祖先。”在《自然史》中，布丰还说到，“人应将自己视为动物界的一分子，因此就能体会动物的本能也许比人类的理性更为确定，动物的行为比人类的更令人欣赏。”布丰的《自然史》影响了生物学发展史上另外一个重要的人物——达尔文。后者用尽毕生的心血研究物种起源理论，提出了著名的进化论，从根本上揭示了生命的起源问题，彻底否定了“神创论”“物种不变论”的传统观念，对学术界甚至整个人类的思想都产生了巨大的影响。

※ 法国著名的自然史专家布丰，他的《自然史》对达尔文具有重要的影响

达尔文非常喜欢探险和生物考察，在他生活的年代，人类已经找到许多已经消失的生物的化石，说明确实曾经有过一些生物存在过，只不过后来出于某种原因又消失了。这些显然用上帝的那一套神学理论来解释是行不通的。更有一些化石，会出现在完全不合逻辑的地方，比如高山岩石上会发现一些海生动物的化石。

布丰的《自然史》给他展现了一个万花筒式的自然界，他被彻底征服了，他充满了浓厚的兴趣，迫切地想要周游世界，亲眼看一看布丰讲到的那些千奇百怪的生物。机会终于来了，1831 年，达尔文参加了英国派遣的环球航行，做了 5 年的科学考察。几年的考察使热爱自然的达尔文有幸看到未遭破坏的自然界，收集了大量的动植物标本和化石。之后，他用了 20 多年时间整理这些资料。1859 年，达尔文

※ 布丰的《自然史》插图（一）

出版了震动当时学术界的《物种起源》。书中用大量无可辩驳的资料证明了地球上所有的生物都不是上帝创造的，而是在遗传、变异、生存斗争中和自然选择中，由简单到复杂，由低等到高等，不断发展变化的，这就是达尔文的生物进化论学说。之后，经过著名博物学家赫胥黎的推广，生物进化理论终于被世人认可。

既然生物都是由低级到高级进化发展而来的，人类的产生是自然选择、生物进化的必然结果，那么，性别的产生是不是也是遵循自然选择的规律呢？

达尔文的进化论和细胞学说结合在一起，得出的结论就是所有生物的起点都是单细胞生物，一切生命都是沿着单细胞、多细胞和复杂生命体的轨迹进化发展的。这不仅为不同种群的生物之间找到了姻亲关系，而且说明一种生物体生命的孕育成长过程也遵循这一进化轨迹。而几十年后染色体（细胞内遗传物质的载体）的发现和生物进化理论的发展也为性别的产生找到了迄今为止最有说服力的答案。

按照目前最权威的解释，生命进化的一般过程是：由简单到复杂，由低级到高级，由单细胞到多细胞，由无脊椎到有脊椎，由无性到有性。性别的分化是生物进化发展的必然结果，是自然界进化史上的一次飞跃。

在生物进化发展的初级阶段，生物体是没有性别之分的，它们繁衍后代的方式属于无性繁殖，即不借助于其他生物体，直接靠自身完成生命的复制，产生后代。这种繁殖方式产生的后代基本上是母体的翻版，在亿万年沧海桑田的环境变迁中，这种呆板的复制品很难适应生存的挑战，在“物竞天择，适者生存”的自然选择过程中性别分化出现了。性别分化的结果是原来由一个生物体自行繁衍后代的模式被打破，同一种生物体分化出至少两种以上的性别，通过同种群内不同性别生物体的生殖细胞配对方式来产生共同的后代，这种繁殖方式被称为有性繁殖。有性繁殖让不同生物体的基因进行重组，使后代具有了无穷无尽变异的可能，从而更有能力接受生存的挑战。这好比买彩票，无性繁殖只买了一张彩票，之后把这张彩票进行复印，复印得再多也只是有一次的中奖概率，而有性繁殖却是买了许多不同号码的彩票，中奖的概率也大大增加。这样一来，原来呆板的无性繁殖的物种大量退出了历史的舞台，有性繁殖的物种成为了大自然的主导。当然，有性繁殖的代价却是生物体只能遗传给后代一定比例的基因，剩下的基因比例得花一定的时间和代价来从同种异性生物体上寻找，而且，来自异性的基因未必就是优秀的。

※ 布丰的《自然史》插图（二）

从无性繁殖到有性繁殖，难道

※ 进化论创始人达尔文

令生物体放弃自身部分基因，冒着后代可能继承外来劣质基因的代价的原因真的是为了博得生存的优势吗？如果是这样的话，为什么现在还有生物采取无性繁殖方式自我繁殖后代？而有性繁殖的生物为什么大多数是雌雄两种性别呢？毕竟两种性别远不如三种以上性别能增加物种延续的概率。

在现有科学发展条件下，实在找不到比生物进化更好的理论来解释性别产生的原因了，因此只能姑且承认它的合理性，承认生物体为了更好地延续后代，博得生存优势而分化出不同的性别。那些至今仍然保留无性繁殖方式的物种毕竟是生物进化树上极小的分支。至于为什么生物不多选择几种性别，近年来有人提出了一种比较合理的解释，认为这是基因组“争斗”的进化妥协结果。

因为有性繁殖就意味着交配的几方必须放弃自己部分的基因，性别越多，不同性别的生物体的基因遗传给后代的比例越小，好比一锅粥一大帮人分，

雌雄同体的生物有哪些

不是所有的生物都是分公母的，很多植物和低等动物就是雌雄同体的。雌雄同体的植物有南瓜、黄瓜、毛泡桐、玉米、西葫芦、小麦、大麦、豌豆、秃杉、蒲草、栎树、橡树、板栗树、榉树等，雌雄同体的动物有大西洋扁贝、藤壶、棉垫蚧虫、蚯蚓、欧洲扁蛎、陆地蜗牛、肝蛭、寄生蜂、海鲈、海兔、海鞘、船蛆等。

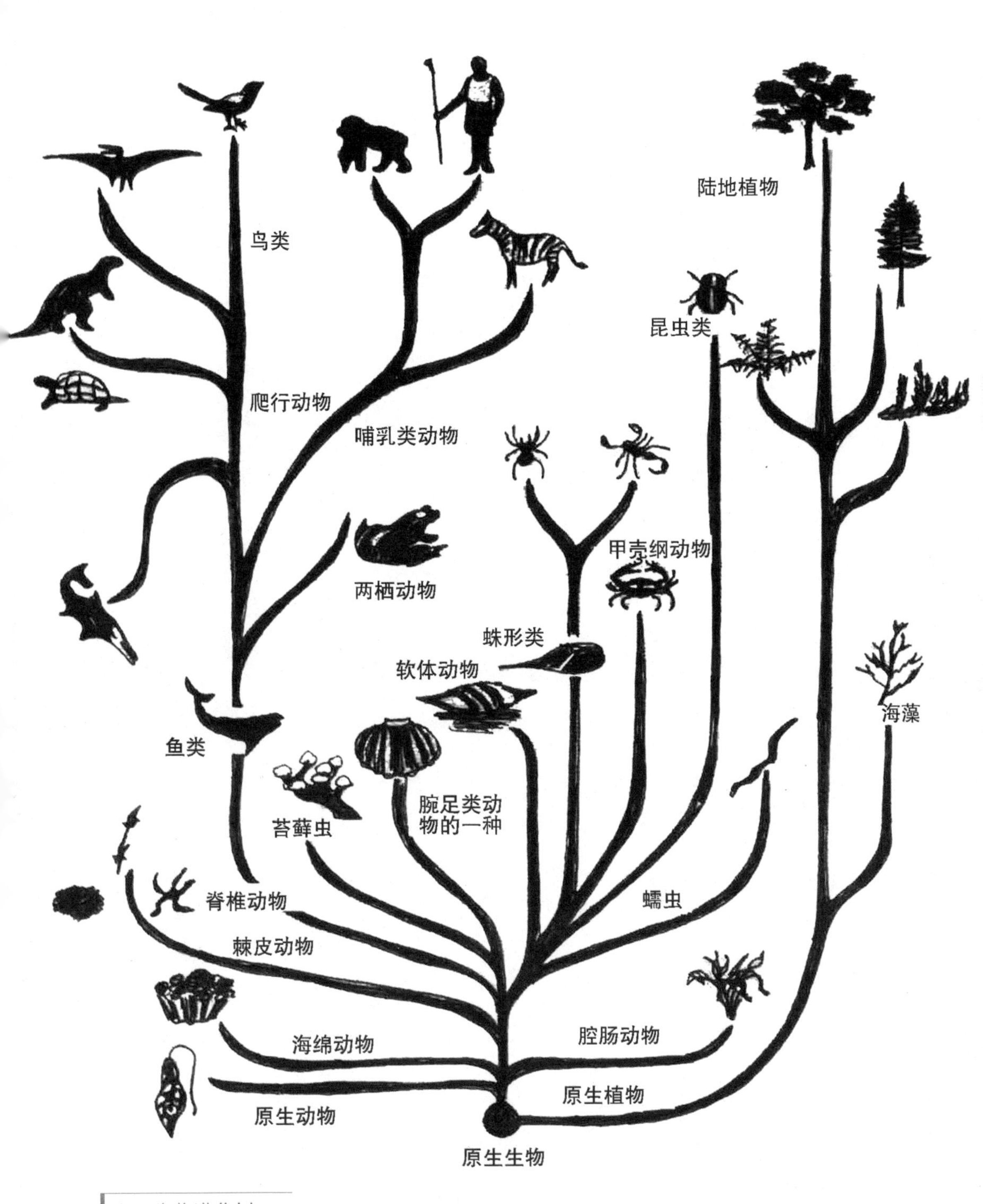
鸟类
陆地植物
昆虫类
爬行动物
哺乳类动物
甲壳纲动物
两栖动物
蛛形类
软体动物
海藻
鱼类
腕足类动物的一种
苔藓虫
脊椎动物
蠕虫
棘皮动物
海绵动物
腔肠动物
原生植物
原生动物
原生生物

※ 生物进化树

※ 沧海桑田，在“物竞天择，适者生存”的自然选择过程中性别分化出现了

每个人分的份额当然会很少。这样的结果是大家都吃不饱，为了能吃饱，大家就不得不弱肉强食，吞食掉别的竞争者，以博得利益最大化。有性繁殖的机理跟这类似，为了让自己的遗传基因最大化地遗传给后代，不同性别的生殖细胞内部就可能会产生一些可以“消灭”来自另一个细胞的线粒体或叶绿体的变异。这种细胞器官级别的“互相残杀”将会导致整个细胞的灾难。为了使有性繁殖能顺利进行下去，生物进化必须产生出一种能避免发生上述情形的方式。最简单、最有效的解决办法就是形成只有两种性别的有性生殖体系，这样既可以为后代带来新的基因以

增强种群的生存优势，又可以使双方的遗传基因在后代身上得到最大化体现，双方各有所需各有所取，一条利益的纽带将它们连在一起，原来由一个生物体承担的繁育后代的重任变成两个生物体共同承担，后代也更容易存活。看来，今天的两性制度，也许正是以前多性制度垮台之后的结果。

我们人类，这种身处生物进化树顶端的生物，自然也无法逃脱生物进化的轨迹，化身为男女两性也就是必然的了。

※　今天的两性制度，也许正是以前多性制度垮台之后的结果

性别制造三部曲

XINGBIE ZHIZAO SANBUQU

从性别起源的迷潭中走出，我们对性别的产生有了一个清晰的认识：性别不是天生就有的，而是在生物进化过程中产生出来的。接下来，我们将注意力回归到人类的性别方面，从微观到宏观，看一下男女两种性别到底是怎么被制造出来的。

■性别制造第一步：来自父母双方的性染色体配对

性别是生物的一种重要的性状，但比一般的性状要复杂得多。大千世界，生物类型多姿多彩，树木花草、鸟禽兽鱼虫，数不胜数，它们表现出来的万千风姿——树木长多高、长什么形状的叶子，花类开什么颜色的花、散发什么香味，鸟兽个头多大、长羽毛还是鳞片或是皮毛、嘴巴有多长等等就是我们这里所说的性状。每一种生物体长什么样，发育成哪种性别，所有这些性状都由每一种生物体染色体上携带的遗传信息来决定。

染色体位于生物体体细胞内，是遗传信息的主要携带者，是脱氧核糖核酸（DNA）以及核蛋白在细胞分裂时的呈现形式。细胞分裂的间隙，染色体被称为染色质，像一团乱麻一样被包裹在细胞核内，

※ 生物界的万千风姿都来自于每一种生物染色体上携带的遗传信息

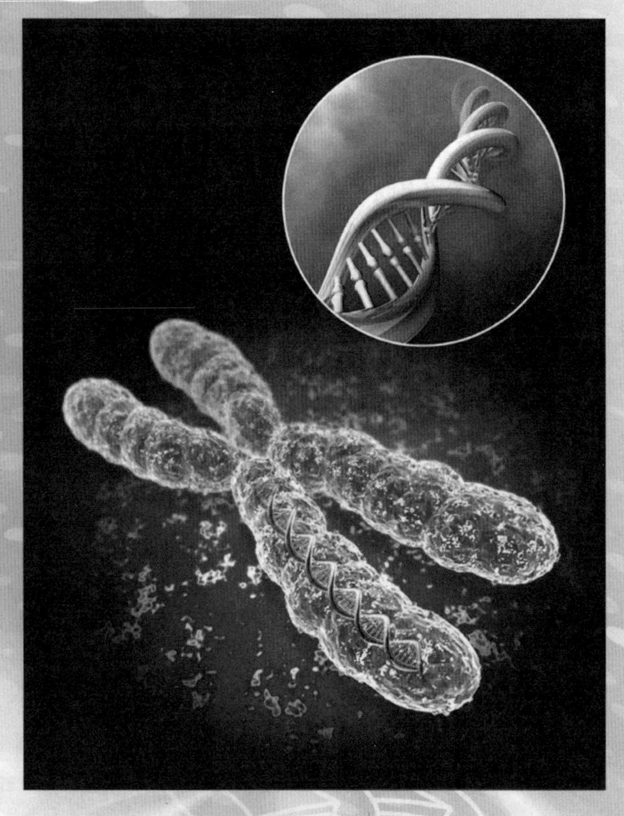

※ 生物体内成对的染色体

当细胞开始分裂时，这团乱麻会被拉伸成丝状，然后螺旋化旋转，缩短变粗，变成棒槌状，开始根据形状和大小进行配对。

人类体细胞内有46条染色体，按大小、形态配成23对，每对均来自父母双方。在所有这些染色体中，有22对男女都共有的染色体，这些信息直接决定了这个人皮肤、毛发、眼睛的颜色，决定了这个人长得是高还是矮，身材是胖还是瘦，性格内向还是外向，是否容易患某种遗传疾病，等等。这些染色体上没有携带任何性别方面的信息，被人们称为常染色体。除此之外，人体体细胞上还有一对能判定性别的性染色体。正常男性的性染色体为“XY”，正常女性的性染色体为“XX”。这23对染色体均匀地分布在人体的每一个细胞内，不过，作为生殖细胞的精子和卵子则例外，它们的性染色体不是一对，而是只有一条，也就是每一个精子和卵子里边的染色体都是23条。当雄性的精子与雌性的卵子碰撞出爱的火花后，它们便会融合在一起，形成受精卵。一旦受精成功，受精卵中的原来精卵双方携带的常染色体和性染色体便开始配对。常染色体配对的结果是新的生命具有了父母双方的一些体貌特征、性格特征以及其他遗传信息。性染色体配对的结果则直接决定了新的生命是男孩还是女孩。

如果与卵子结合的这个精子携带了“X”性染色体，那么这个生命必然是女孩；如果与卵子结合的这个精子携带了“Y”性染色体，那么这个生命必然是男孩。也就是说，人类性别的决定取决于男性，取决于男性体内释放的与卵子结合的精子所携带的性染色体。

由此可见，在受精的过程中未来生命的性别就已经被确定下来了。

■性别制造第二步：胚胎向着染色体确定的性别方向分化发展

如前所述，精子和卵子各自为新生命提供了一套特殊的有特定数目的染色体，从而产生成对的染色

※ 精卵结合过程

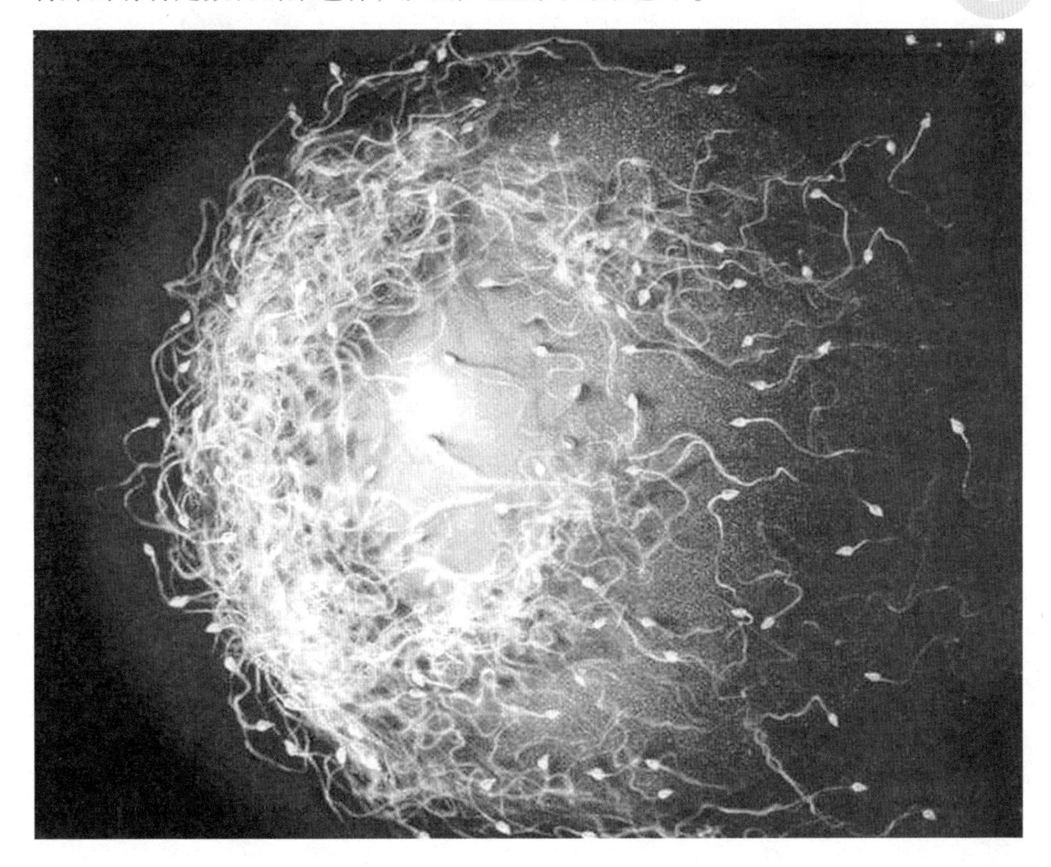

※　受精卵细胞分裂图

体。这些染色体将决定新生命的各种特征，比如头发、眼睛和皮肤的颜色，五官的比例和大小，脸型是圆是方，身体是修长型还是矮矬型……最重要的是，是决定未来生命是男孩还是女孩。

当精子遇见卵子，形成受精卵后，新生命开始了由一个单细胞向多细胞再到组织器官和复杂生命体的发育过程。可以说，任何高等生物，包括人类，他们生命的孕育过程都历史地再现生物进化从单细胞到多细胞，从低级到高级，从无性别到有性别的过程。这一过程中，新生细胞将以极快的速度分裂，由一到二，由二到四，由四而八……每分裂一次，染色体复制一次，这样的分裂方式保证了新生命体内所有细胞内的遗传物质都完全相同，以维持遗传的稳定性。

随着细胞的不断增值，新生命的器官与组织也一点点成型。在胚胎发育的过程中，人体的22对常染色体不停地把它们携带的生命特征传递到身体的各个角落，而携带性别遗传信息的性染色体也以惊人的速度，把决定遗传性别的“信号”向新生的所有细胞传递，特别是要传递到一组由性染色体支配的特殊细胞群。根据遗传密码，这种特殊的细胞群将发展为睾丸（XY，男性）或卵巢（XX，女性）。为了保证婴儿的性器官与受精时确定的性别相匹配，肩负发育为一个女孩或男孩任务的细胞群通过制造相应的女性或男性激素开始了它们的工作。

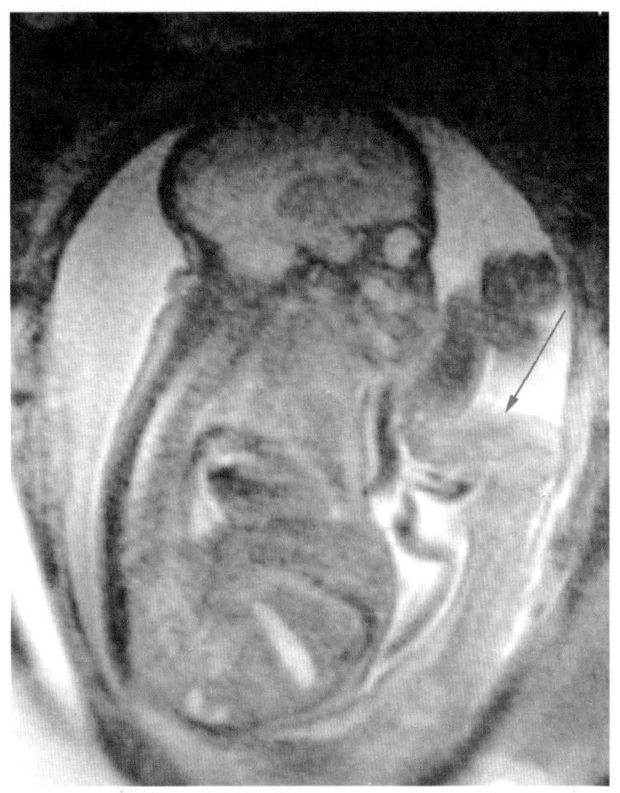

※ 16 周胎儿 B 超图

受精之后的第 9 周是性别发育一个关键性的时期，之前的 8 周内，男孩女孩只有性染色体上的差异，也就是八周内的男孩女孩的差别只是男孩的性染色体是 XY 型，女孩是 XX 型，并没有生殖器官及性腺上的区别。而第 9 周开始，男孩 Y 染色体上的睾丸决定基因使原始性腺向原始睾丸分化，并具有了分泌雄激素的作用。在雄性激素的作用下，从这一周开始，男孩的输精管、精囊腺都开始形成，原本看不出性别的外生殖器也逐渐分化发育成阴茎和阴囊，开始展现男性的特征。女性稍晚一些，一般两到三周后，雌激素也开始分泌，女性器官也逐渐形成。到 16 周后，从 B 超里已经可以看出性别了。

性器官就是这样在出生之前业已开始分化，形成雏形，要发育成熟，则要等到进入青春期以后了。

■性别制造第三步：青春期的发育与男性化 / 女性化过程的完成

青春期是性器官发育成熟、出现第二性征的年龄阶段。不同国家、不同地域、不同种族的人进入青春期和青春期结束的时间是不一样的。一般而言，热带地区的人青春期发育比寒带地区的人早，黑色人种的青春期发育要早于白色和黄色人种，营养条件好的青春期发育要早于营养条件差的，肥胖儿童的青春期要比正常体重儿童的提前，女孩的青春期要比男孩提前……尽管有如此多的差别，青春期年龄段还是有一个大致的时间范围的。世界卫生组织规定 10~20 岁为青春期，而我国则为 11~17 岁。

※　女孩的青春期比男孩要来得早

从我们呱呱坠地时起，我们的身体无时无刻不在努力地成长着。我们身体成长有一个非常周密的时间计划。就像汽车工厂繁忙的流水线，从车架，到内部的发动机，从车轮开始，到外部装潢结束，无一不是按部就班进行的。人一生中有几个生长高峰期，分别为 3 岁前，6 岁左右和 11、12 岁。在这几个阶段，包括身高、体重、骨骼、肌肉以及消化、呼吸、循环等系统都有非常显著的快速增长。

与其他两个阶段不同的是，11、12 岁左右的青春期是生殖系统继胚胎发育阶段后第二个快速发育的时期，在此之前，男女的生殖系统都维持着婴儿时期的幼稚状态。青春期的到来，就好比是打开了蓄积已久的水库阀门，遏制不住疯长的步伐。这一阶段，女孩子最标志性的事件是初潮的到来、阴毛的生长、大小阴唇的发育和乳房的增大，男孩子最标志性的事件是阴毛的出现、睾丸的增大、阴茎的变大变长、开始遗精、长出小胡子、喉结突出和出现变声现象。由于女孩子青春期发育一般要早于男孩子，因此在青春期初期，她们的个头一般要高于同龄的男孩子。早开的花儿也早谢，到青春期后期，女孩子骨骼提前封闭，停止长高，男孩子后来者居上，终于奠定了男性一般高于女性的格局。

随着青春期的结束，生物学意义上的男女两性就这样闪亮登场了。

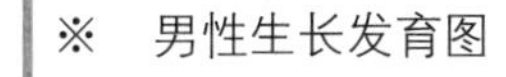
※　男性生长发育图

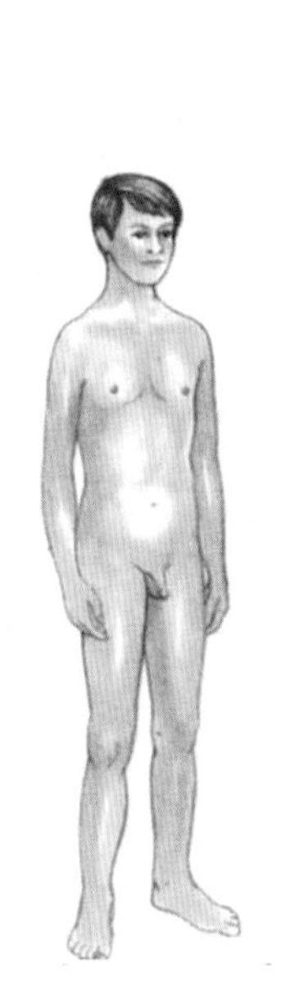
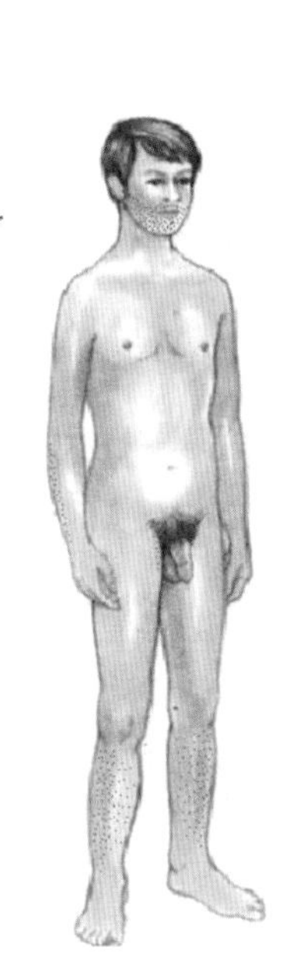
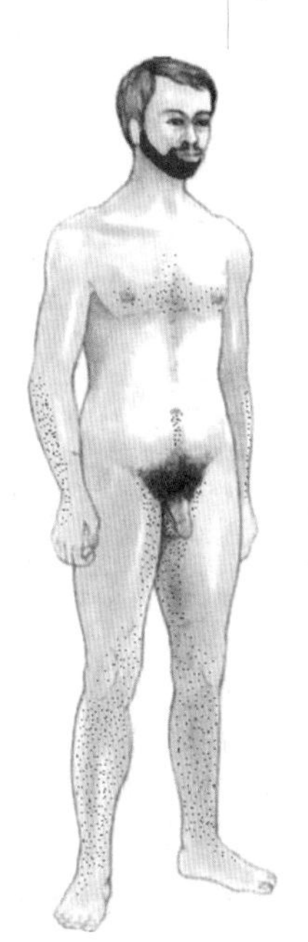
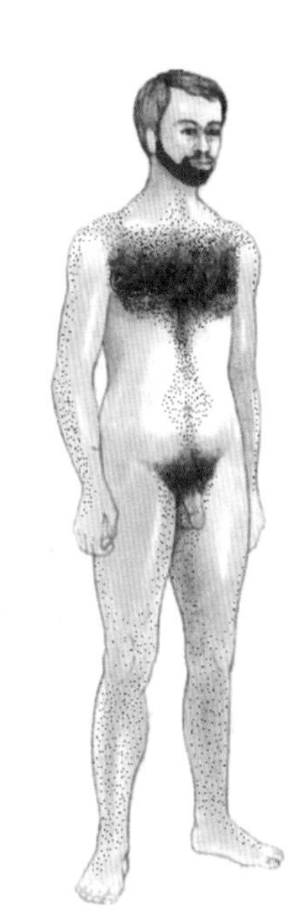

“成长蓝图”的勾勒者

CHENGZHANG LANTU DE GOULEZHE

生命真是一个奇迹，它能在精卵结合的一刹那就决定我们的性别，并按照它勾勒的蓝图在适当的时候让身体发生翻天覆地的变化，向着男性或女性的生理特征发展。那么，是什么决定了我们以后会如何成长和发育的呢？那个成长蓝图的勾勒者到底是谁呢？

※　成长蓝图的勾勒者——内分泌系统

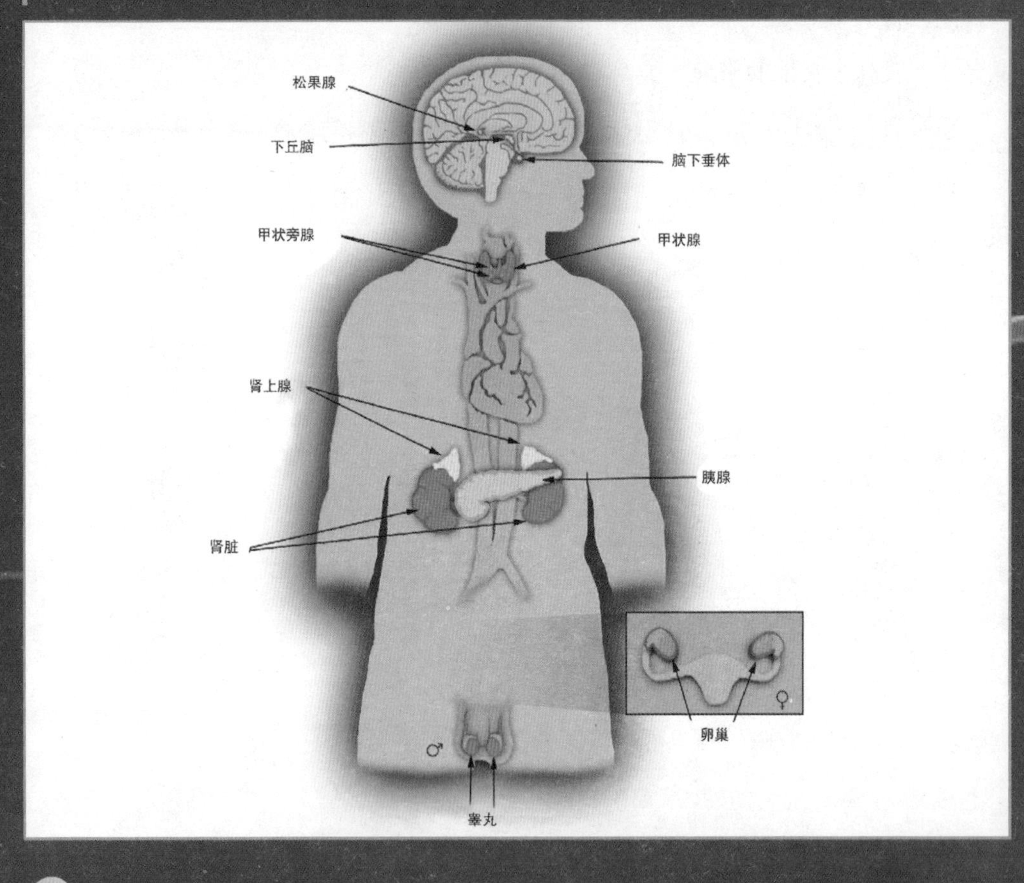

其实，所有的一切都得力于人体内的一套极其复杂的内分泌系统。它负责调控整个机体的所有活动。没有它，就好比机器没有了润滑剂，根本转不动。正是因为有了这套复杂的内分泌系统，我们的身体才能按部就班地成长发育，并表现出性别上的差异和不同。从性发育的角度看，内分泌系统对人体成长发育有着启动和控制的功能，换句话说，内分泌系统就是性别发育的调控器。它的作用机理十分复杂和微妙。

内分泌系统由内分泌腺和分布于其他器官的内分泌细胞组成。其中，内分泌腺分泌各种激素，并将之直接释放到血液中，随血流到达全身，控制和调节体内物质代谢以及生长、发育、生殖等生理过程。

激素说白了其实就是人体内负责传递特定信息的信使或传令员。人体通过激素来调控各个器官和组织的发育，通过激素供给量的多少、供给的时间来逐步实现对机体的控制。特定的激素仅能作用于特定的细胞（靶细胞）和特定的器官（靶器官）。因为只有它们能够识别这种激素传递过来的信息。激素和它的接收者之间，就像是一对母女，可以千里相认、不离不弃。极低浓度的激素就能引起靶细胞和靶器官的较大反应。

在人体的内分泌系统中，存在着许多的与性发育和性功能有关的腺体，它们就像一个军团的各个指挥部一样，分别指挥和调度着人体内各个激素的运作和走向，以此来控制人体生长的走向。

性腺和垂体是人体中与性发育及性功能关系最为密切的内分泌器官。男性的性腺为睾丸，女性为

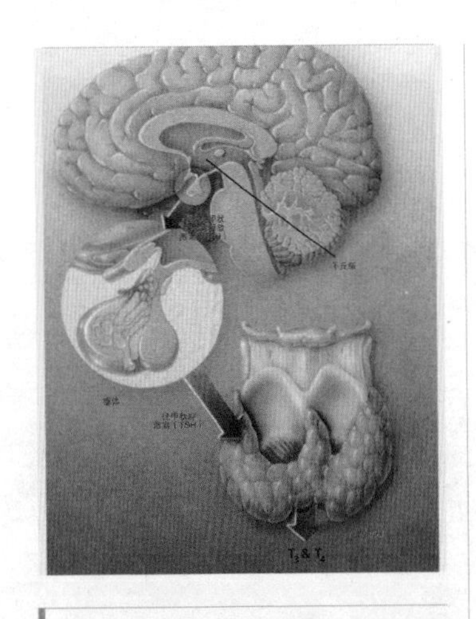

※ 负责指挥调度、宏观部署的下丘脑

卵巢。性腺分泌大量性激素：睾丸分泌雄激素，卵巢分泌雌激素和孕激素。性腺作为人体的最主要的性器官，受垂体内分泌的控制。

垂体被包裹在颅骨内，体积非常小，平均质量仅0.6克。它分为腺垂体和神经垂体两部分。腺垂体分泌的7种激素直接影响着其他内分泌腺的分泌活动。除生长激素外，其余6种称为促激素，可以简单理解为促进其他生长的激素。其中促性腺激素最为重要。

如果说激素是信使或传令兵，那么垂体就是这些激素所携带的信息的发布者。而在这个信息发布者之上，还有一个负责指挥调度、宏观部署的下丘脑。那里的神经细胞也能分泌多种激素，直接对腺垂体的分泌功能进行调节，促进或抑制腺垂体的相应激素的分泌。这样，下丘脑、垂体、性腺就控制了人

※ 下丘脑核团模式图

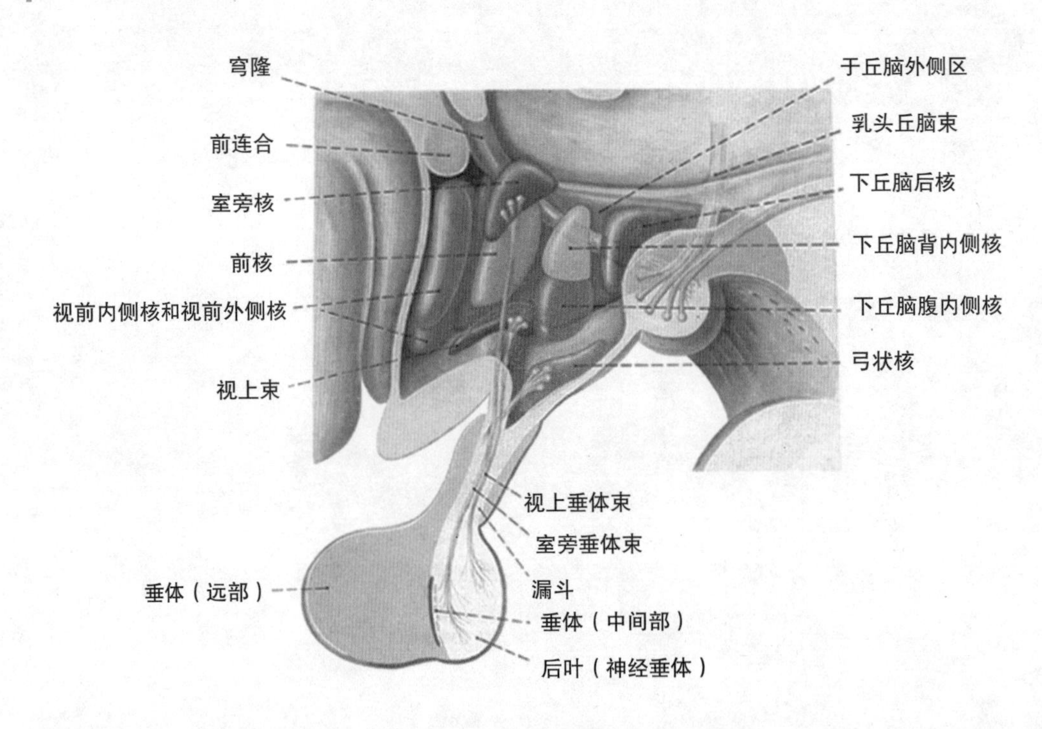

体的性发育和性功能以及整个生殖活动。医学上把这一个控制系统称为“下丘脑—垂体—性腺轴”。在男性称为“下丘脑—垂体—睾丸轴”；在女性称为“下丘脑—垂体—卵巢轴”。

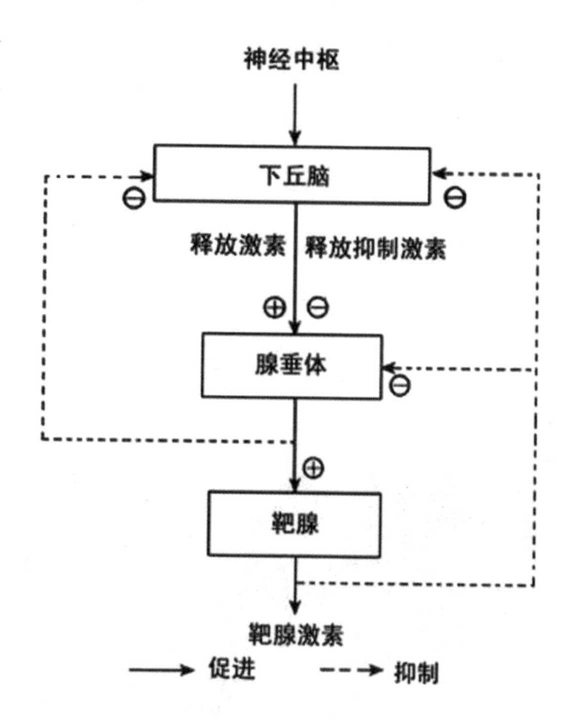

※ 激素的负反馈调节示意图

不过，下丘脑全盘掌控性发育的功能又受到上级——大脑皮层的控制。这种控制是通过释放单胺类物质实现的。而大脑皮层的活动则和环境刺激紧密联系。实际上，控制性发育和性功能以及整个生殖活动的是一个比“下丘脑—垂体—性腺轴”还要复杂的多级控制系统。

在儿童时期，下丘脑抑制着垂体促性腺激素的分泌和性腺的成熟。无论男孩还是女孩在生理和心理上都维持着幼稚的状态。随着年龄的增加，在青春期前，下丘脑对垂体的抑制作用减弱，性腺不断发育，其分泌的性激素也相应增加。在性激素的刺激下，男孩和女孩在形体和生理上开始发生微妙的变化，懵懵懂懂步入了青春期。青春期是男女生理和心理迅速成熟的一个时期，随着性成熟，垂体的促性腺激素分泌功能越来越旺盛，高浓度的性激素推动着外生殖器和第二性征的发育，在性激素的刺激下，男孩或女孩会在短短几年间迅速完成从儿童到小伙或姑娘的转变，成长为一个真正意义上的男性或女性。

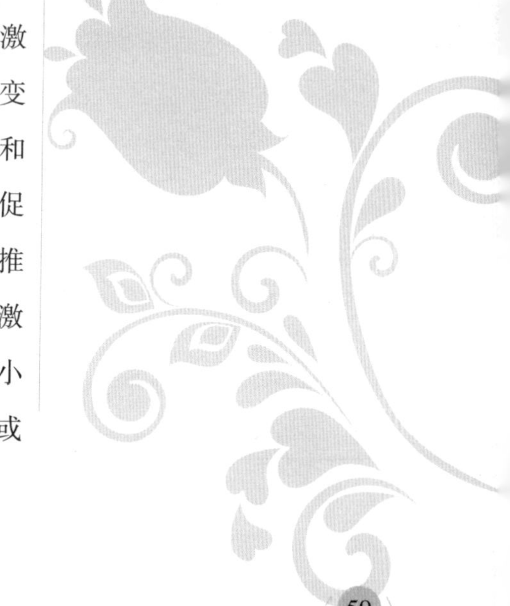

PART 3

第3章
性别的秘密

性别组成的世界就像一座迷宫，里面蕴藏了许许多多的秘密。兜兜转转中，你很容易迷失其中……

大脑也分男女吗?

DA'NAO YE FEN NANNYV MA?

在第 1 章我们详细列举了男女两性在生理和气质诸方面的差异，如果把生理方面的差异归结于先天造就，那么气质方面表现出来的差异应该就是后天形成的。在政治经济学中有个著名的理论：经济基础决定上层建筑。在性别问题上，生理结构就是经济基础，性别气质就是上层建筑。男女两性思维与行为方式等方面表现出来的特点从根本上是受生理结构决定的。

大脑也有性别吗？大脑也分男女吗？换句话说，男女在大脑结构和功能方面是不是存在明显差异，以至于男女两性在思考问题和做事方面会存在这么多不同之处呢？

答案是肯定的。科学家近年来发现，男性和女性的大脑在形状、大小、细胞数目以及大脑细胞之间的相互联系程度上都是不同的。

※ 科学家发现，大脑也分男女

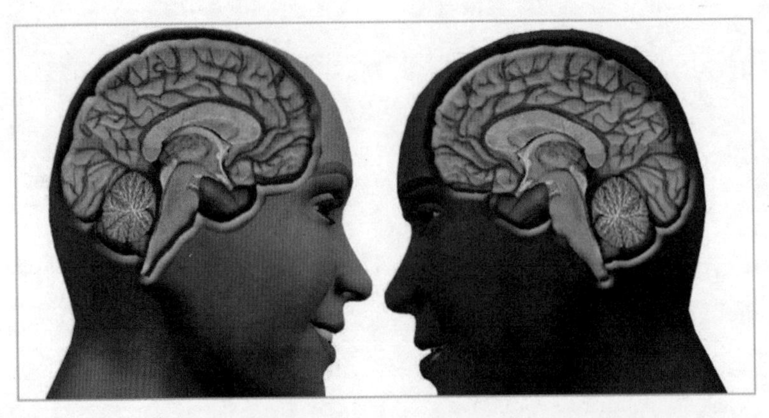

我们知道，大脑分为灰质、白质，下面，我们就从男女两性大脑灰质和白质功能区的扫描

图中寻找一下男女的性别差异。

在专业仪器的帮助下，我们可以清楚地看出两性在用脑区域上的差别。

通常，男性的大脑比女性的大出 15%~20%。然而，女性大脑皮层的神经元却比男性多出约 11%。这个区域紧靠眼球的后方，识别语言和音乐中音调不同靠的就是这个区域。此外，女性神经元之间的联系以及大脑两个半球之间的联系也比男性多；而且，女性大脑的右半球比男性大，由于右半球负责形象思维，这也就从客观上印证了女性擅长感性思维、形象思维的特点。男女两性大脑的其他部分也是不同的，如男女负责处理视觉和触觉信息的顶下小叶：男性左脑的顶下小叶较大，女性右脑的顶下小叶较大。而协助调控激素水平的下丘脑里有一个叫性二形体核的细胞集合体，在此处男性的细胞数差不多是女性的两倍……

神经学家们已经把这些差异分门别类，并对这些差异如何影响行为有了一个总体概念。但是，他们确实不了解这些差异是如何产生及为何存在的。这一过程与在黑暗中玩拼图游戏很相似——科学家们已经识别出了一些板块，甚至将其中的一些拼在了一起，但是他们还没有真正看到整个画面。

一些新技术告诉我们非常重要的一点：大脑中没有一个特殊的位点可以单独控制如说话这样复杂的活动，而是由许多区域共同参与了这些活动；同时，当性别不同时，参与某种活动的区域可能会有所不同。科学家们利用“核磁共振”这种仪器来研究男女大脑的特征，结果发现男女在思考时使用的

大脑区域是不同的：男性的大脑活动区域在左半球靠近布鲁卡区的一小部分；女性运用位于右脑的另一区域进行思考；而且女性右脑用于思考的这一特殊区域比男性要大。科学家甚至还发现，在休息时，男女两性的大脑功能也不同，男性的大脑边缘系统（与情感体验相关的部分）在感知运动方面比较活跃，而女性的大脑边缘系统在那些与语言表达有关的区域比较活跃。

那么，大脑是如何向两性分化的呢？其实，在胚胎刚开始发育的时候，胎儿是分不出男女的，但在发育的前三个月内，性别的分化就开始了。卵巢（在胚胎三个月大时）和睾丸（在胎儿两个月大时）开始产生性别特异性的激素，正是这些性激素在所谓的关键时期作用于发育中的组织，从而使大脑发展成为雄性或者雌性。

大脑性别的形成并非按照我们正常的思路进行，而是非常有意思的“反其道而行之”。激素并不能作用于大脑，或者说不能直接作用于大脑，如睾丸激素并不直接使胎儿的大脑男性化，而是进入大脑细胞，在那里它在特定的酶的作用下转化为雌激素。这些细胞内高浓度的雌激

※ 人类大脑皮层“运动指挥区”形象写真。左图显示出控制基本躯体运动的“运动指挥区”；右边表示了控制人体感觉的皮层分区

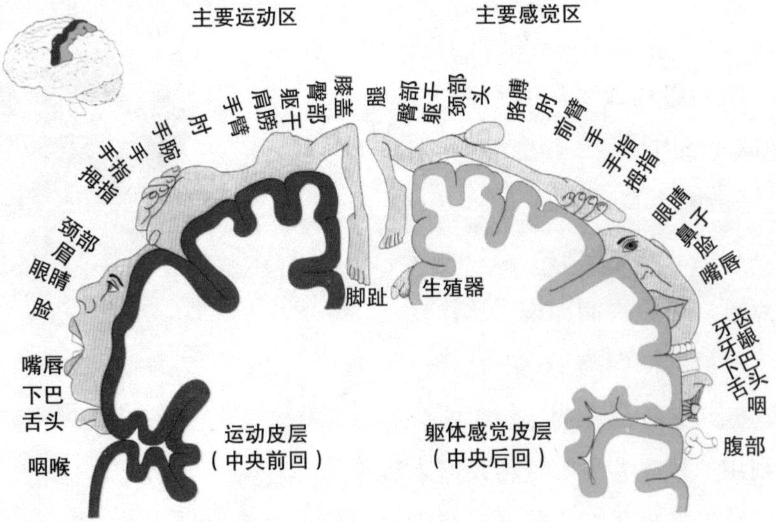

素（来自睾丸激素）使大脑雄性化。不论是母亲的雌激素还是胎儿自己的雌激素都不能有效地进入胚胎细胞，并作用于大脑。如果细胞内没有这种高浓度的雌激素，便会发育为雌性化的大脑。有科学家认为，女性的大脑是“中性的”，是一种默认的结果，即在没有激素影响的情况下发育形成的。总而言之，遗传因素和激素共同发挥着作用，在出生以前大脑就已经被定型为雌性的或雄性的了。

出生后大脑是否会继续分化呢？答案是肯定的。性别特异性的发育一直持续到青春期结束，青春期结束后这种分化会在激素的作用下继续保持状态。

出生到几岁时，大脑随着新细胞周期性的大量形成而生长着。有意思的是，大脑的不同部位在不同的时期发生剧增式发育，在这些关键时期，外界信号输入可能会对大脑的功能产生重要而持久的影响。举个例子，如果在小猫出生的头三个月把它们的眼皮缝上，使它们看不到东西，它们大脑的某些区域发育便会受阻，它们将再也不能重新获得视觉。但这种现象却不会发生在成年猫身上，因为它们的大脑已经基本成熟，不再处于那种“窗口期”。这种对大脑功能有重要影响的关键时期可能出现在出生后的任何时间。某些特殊技能或天赋会在这一时期突然出现，例如：数学

※ 遗传因素和激素使得胎儿在出生以前大脑就已经被定型为雌性的或雄性的了

家会在年龄很小的时候就达到其才能的顶峰。优越的环境可能会增强发育中婴儿的能力，但可惜的是科学家们不知道怎样、何时提供给孩子什么样的物质条件会让他们发挥出最大的潜能。

大多数人重男轻女不仅仅是因为男孩可以传宗接代，而是大家认为，男孩要比女孩聪明。男女的智力和天赋真有什么不同吗？若有，这些差异是男女两性大脑结构的差异造成的吗？目前的科学研究表明，男女两性的智力在总体水平上没有明显的差异，只是在某些特殊的方面，男女两性在智力和天赋上存在一些细微的差异。很难说这些差异是后天获得的还是由大脑的结构决定的。毕竟，大部分有关性别特异性思维模式和性别特异性能力的数据都是来自于动物实验。有人发现当男女两性在实验室被要求通过一个迷宫时，功能性核磁共振成像技术显示男性是用右脑（“空间”侧），而女性则是使用左脑（“语言”侧）来完成这项任务的。也有科学家报道说女性解决空间问题的能力随她们的月经周期的阶段不同而变化。在月经期，雌激素水平最低，女性解决这类问题的能力最强。还有研究者发现，体内先天就有较高水平睾丸激素的女性解决空间问题的能力较强；同样，当男性体内睾丸激素水平下降时，他们会丧失一些解决这类问题的能力。

※ 对大脑功能有重要影响的关键时期可能出现在出生后的任何时间，某些特殊技能或天赋会在这一时期突然出现

※ 男女两性由于大脑的不同而显示出思维与特长方面的差异

大多数研究者认为女性具有左脑优势，而且在生长发育早期尤为明显。女性的左脑优势决定了她们的言语优势。女性语言技能优于男性主要表现在言语流利程度、发音、语法和复杂长句的使用。男女的言语差异贯穿一生而不仅仅表现在生命的早期。她们口头语言一般比较流畅，吐字清晰，口齿伶俐，对话能力强。在对话中很少犹豫和中断，给人一气呵成之感，这也就印证了男女吵架时女人为什么会像机关枪一样了。

研究者还发现，女性对听觉的感受比男性敏锐。女性比男性更易于分辨声源的位置，更善于利用耳内声音音量的大小来辨别声音，而且女性的听觉阈也要比男性广。

那么，男性和女性之间的差异是天生的还是后天习得的呢？女孩变得具有“母性”是因为人们给她们的玩具主要是洋娃娃吗？男性在长大后不再谈论他们的感情是因为他们通过后天的学习知道男人不应该这样还是因为天生就对一些琐碎的事情反应冷漠？有一对父母做了一个实验，他们决定像对待他们的儿子一样给他们的女儿提供同样的机会，不通过性别特异性的课程来压制她潜在的才能。他们给了这个女孩4辆卡车玩具，她很兴奋。但是有一天，女孩和卡车都不见了。当她妈妈在卧室里找到她时，这个女孩示意妈妈要保持安静，而卡车被很仔细地排放在女孩的枕头上，还盖上了被子。女孩解释道：“嘘！妈咪，它们睡着了。”

附录：测试一下你的大脑偏男性还是女性 >>

FULU
CESHI YIXIA NIDE DA'NAO PIAN NANXING HAISHI NYVXING

1. 你在看地图，或街上指示时，你会：

a. 会有困难，而找人协助

b. 把地图转过来，面对你要走的方向

c. 没有任何困难

2. 你在准备一道做法复杂的菜时，一边正在播放收音机，还有朋友的来电，你会：

a. 三件事同时进行

b. 关掉收音机，但嘴巴和手都没有停

c. 告诉朋友，你做好菜后马上回电话给他

3. 朋友要来参观你的新家，问你该怎么走，你会：

a. 画一张标示清楚的地图寄给他们，或是请别人替你说明该如何走

b. 问他们有没有熟悉的地标，然后告诉他们该怎么走

c. 口头上告诉他们该怎么走

4. 解释一个想法或概念时，你很可能会怎么做：

a. 会利用铅笔、纸和肢体语言

b. 口头解释加上肢体语言

c. 口头上清楚简单地解释

5. 看完一场很棒的电影回家后，你喜欢：

a. 在脑海里回想电影的画面

b. 把画面及角色的台词说出来

c. 主要引述电影里的对话

6. 在电影院里你最喜欢坐在：

a. 电影院的右边

b. 不在意坐在哪里

c. 电影院的左边

7. 一个朋友的机器出了问题，你会：

a. 深表同情，并和他们讨论他们的感觉

b. 介绍一个值得信任的人去修理

c. 弄清楚它的构造，想帮他们修理好

8. 在不熟悉的地方，有人问你北方是哪个方向，你会：

a. 坦白说你不知道

b. 思考一会儿后，推测大约的方向

c. 毫无困难地指出北方方向

9. 你找到一个停车位，可是空间很小，必须用倒车才能停进去，你会：

a. 宁愿找另一个车位

b. 试图小心地停进去

c. 很顺利地倒出车停进去

10. 你在看电视时，这时电话响了，你会：

a. 接电话，电视开着

b. 把音量转小后才接电话

c. 关掉电视，叫其他人安静后才接电话

11. 你听到一首新歌，是你喜欢的歌手唱的，通常你会：

a. 听完后，你可以毫无困难地跟着唱

b. 如果是首很简单的歌，听过后你可以跟着哼唱一小段

c. 很难记得歌曲的旋律，但是你可以回想起部分歌词

12. 你对事情的结局如何会有强烈的预感，是借着：

a. 直觉

b. 可靠的资讯和大胆的假设，才做出判断

c. 事实统计数字和资料

13. 你忘了把钥匙放在哪里，你会：

a. 先做别的事，等到自然想起为止

b. 做别的事，但同时试着回想你把钥匙放在哪里

c. 在心理回想刚刚做了哪些事，借此想起放在何处

14. 你在饭店里，听到远处传来警报，你会：

a. 指出声音来源

b. 如果你够专心，可以指出声音来源

c. 没办法知道声音来源

15. 你参加一个社交宴会时，有人向你介绍七八位新朋友，隔天你会：

a. 可以轻易想起他们的长相

b. 只能记得其中几个的长相

c. 比较可能记住他们的名字

16. 你想去乡间度假，但是你的伴侣想去海边的度假胜地。你要怎么说服他呢？

a. 和颜悦色地说你的感觉：你喜欢乡间的悠闲，小孩和家人在乡间过得很快乐。

b. 告诉他如果能去乡间度假，你会感到很愉快，下次你会很乐意去海边

c. 说出事实：乡间度假区比较近，比较便宜，有规划适当的休闲设施

17. 规划日常生活时，通常你会：

a. 列张清单，这样一来该做什么事一目了然

b. 考虑你该做哪些事

c. 在心里想你会见到哪些人，会到哪些地方，以及你得处理哪些事

18. 一个朋友有了困难，他来找你商量，你会：

a. 表示同情，还有你能理解他的困难

b. 说事情并不如他想的严重，并加以解决

c. 给他建议，或是合理的忠告，告诉他该如何解决

19. 两个已婚的朋友有了外遇，你会如何发现：

a. 你会很早就察觉

b. 经过一段时间后才察觉

c. 根本不会察觉

20. 你的生活态度为何?

a. 交很多朋友，和周围的人和谐相处

b. 友善地对待他人，但保持个人隐私

c. 完成某个伟大目标，赢得别人的尊敬、名望及获得晋升

21. 如果有选择，你会喜欢什么样的工作：

a. 和可以相处的人一起工作

b. 有其他同事，但也保有自己的空间

c. 独自工作

22. 你喜欢读的书是：

a. 小说，其他文学作品

b. 报章杂志

c. 非文学类，传记

23. 购物时你倾向：

a. 常常是一时冲动，尤其是特殊物品

b. 有个粗略的计划，可是心血来潮时也会买

c. 读标签，比较价钱

24. 睡觉起床吃饭，你比较喜欢怎么做：

a. 随心所欲

b. 依据一定的计划，但弹性很大

c. 每天几乎有固定的时间

25. 你开始一个新的工作，认识许多新同事。其中一个打电话到家里找你，你会：

a. 轻易地认出他的声音

b. 谈了一会儿话后，才知道他是谁

c. 无法从声音辨认他到底是谁

26. 和别人有争论时，什么事会令你很生气：

a. 沉默或是没有反应

b. 他们不了解你的观点

c. 追根究底地问问题，或是提出质疑，或是评论

27. 你对学校的拼字测验以及作文课有何感觉？

a. 觉得两项都很简单

b. 其中一项还可以，另一项就不是很好

c. 两项都不好

28. 碰到固定的舞步或是爵士舞时，你会：

a. 听到音乐就会想起学过的舞步

b. 只能跳一点点，大多想不起来

c. 抓不准时间和旋律

29. 你擅长分辨动物的声音，并模仿动物的声音吗？

a. 不太擅长

b. 还可以

c. 很棒

30. 一天结束后，你喜欢：

a. 和朋友或家人谈谈你这一天过得如何

b. 听别人谈他这一天过得如何

c. 看报纸电视，不会聊天

计分方法：

选择 a：＋ 15 分

选择 b：＋ 5 分

选择 c：－ 5 分

结果分析：

1. 多数男性的分数会分布在 0~180 分之间。

多数女性的分数会分布在 150~300 分之间。

2. 偏男性化的大脑，分数会低于 150 分。分数越接近 0 分就越男性化，睾丸素的分泌也越多……他们有很强的逻辑观念、分析能力、说话技巧，很自律，也很有组织，不容易受到情绪的影响。要是女性得到很低的分数，那她很可能有女同性恋的倾向。

3. 分数高过 180 分的，就是很女性化的人。分数越高，大脑就越女性化，富有创意，有音乐艺术方面的天分，他们会凭直觉与感觉做决定，并擅长从很少的资讯中判断问题。分数高过 180 分的男人，他们是同性恋的概率也越高。

4. 分数低于 0 分的男性或高于 300 分的女性，他们大脑的构造是完全不同的，同在地球上生活是他们唯一的共同点。

5. 分数在 150 分到 180 分之间的人，他的思考方式拥有两性的特质，他对男女都没有偏见，并在解决问题方面，反应会比较灵活，找出最佳的解决方法，不管男性或女性，他都可以成为他们的好友……

先天注定还是后天造就——性别差异的社会文化影响

XIANTIAN ZHUDING HAISHI HOUTIAN ZAOJIU
——XINGBIE CHAYI DE SHEHUI WENHUA YINGXIANG

从上面的实验我们可以看出，男女的性别差异有时真的是很难被后天扭转过来的。不过，如果由此断定性别差异完全由先天生理结构决定，后天无法施加任何影响，就不可避免地把性别问题神秘化了。实际上，性别差异更多情况下是社会文化影响的产物。

有无数的例子可以说明这个问题。

※ 科学家发现，每个人的大脑似乎都有自己的工作方式，而这种方式和性别没有什么联系

社会文化对学习能力的影响

譬如，在我们的印象中，男孩子擅长数学，而女孩子数学都比较差。很多人将这归结于性激素的作用，有些人甚至荒谬地认为数学是男性的专利，与数学相关的能力和男性基因有关。许多媒体甚至一些科学家都赞同这一观点，他们认为雄性荷尔蒙和睾丸激素使得男孩在学习数学时具有优势。

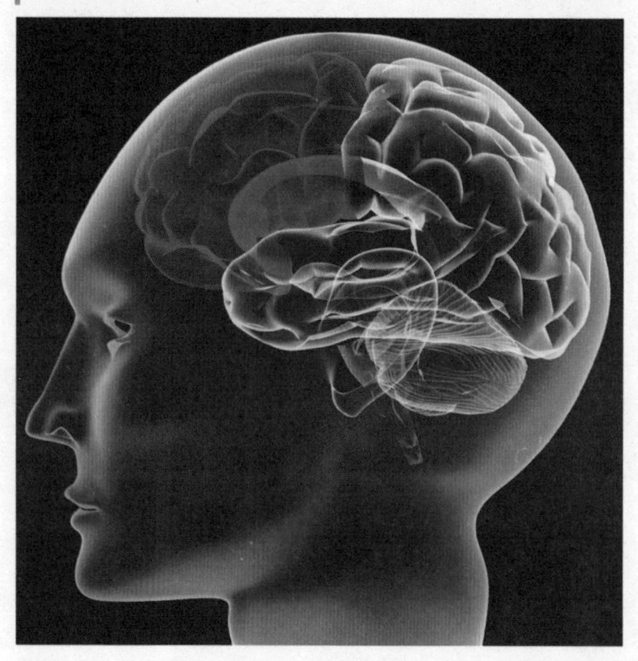

美国德克萨斯神经生物学家约克莱尼·贝克瓦里尔

在猴子身上进行的实验对上述论断提出了质疑。他发现，让刚出生的小猴用爪子够东西，雌猴用15天就学会了，而雄猴却需要39天才能学会。测量猴子体内的睾丸激素水平。结果发现，激素水平最高的雄猴，记忆力表现最差。而提高了雌性幼猴体内的睾丸激素水平后，雌猴的反应就慢多了。这至少证明，睾丸激素在这个年龄是影响猴子学习能力的因素之一。但把从猴子身上得到的数据用到人身上是有条件的，而且当雄猴6个月大时，他们的学习能力就会赶上雌猴。

※ 我们的大脑具有很强的可塑性

在研究荷尔蒙和思维活动能力之间关系的同时，科学家还发现，每个人的大脑似乎都有自己的工作方式，而这种方式和性别没有什么联系。这么说来，男女思维方式、兴趣爱好和能力等的不同应该是受到了外界环境的影响。

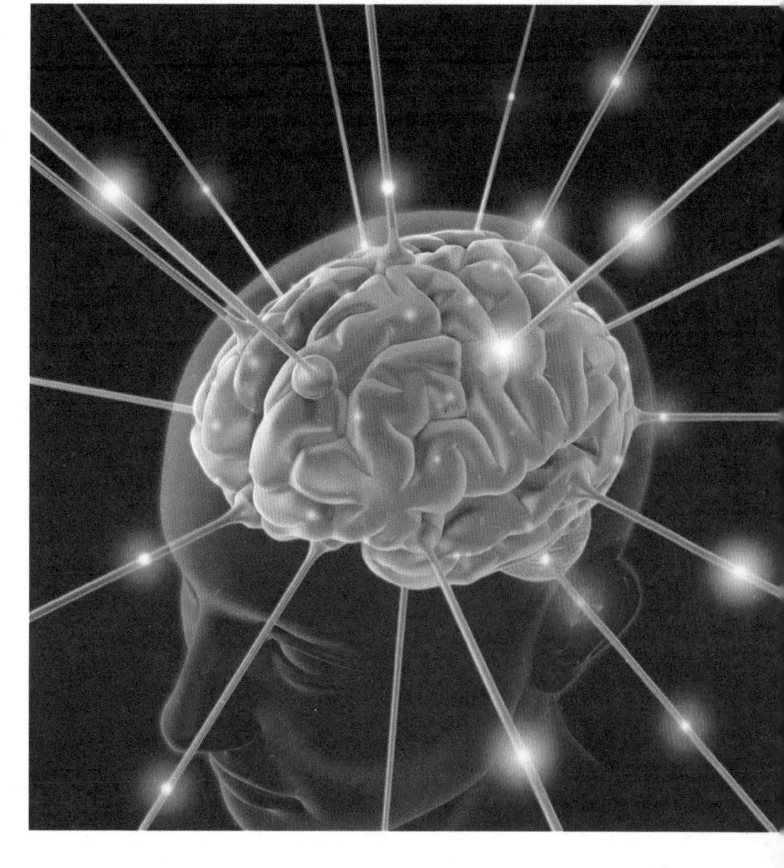

大脑里有数十亿个神经结。我们有一组基因，它们构成了我们个人能力的基础。如何使用这些能力受到环境因素的影响，但这种影响到底有多大呢？

大量的事实证明，我们的大脑具有很强的可塑性，它的结构会被我们

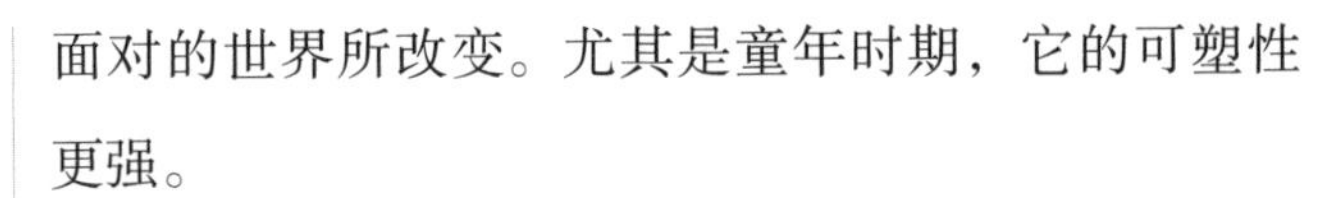

面对的世界所改变。尤其是童年时期，它的可塑性更强。

我们几乎从未看见过女孩修理自行车、家具、电器，而男孩子们却喜欢这样，弄得满身油腻，摆弄各种工具，把电器拆卸得七零八碎。这是因为女孩子从小就被告知不要去碰和技术有关的东西，不要把自己搞得脏兮兮的，她们应该做的就是等爸爸来修理，自己想要帮忙的话最多就是去厨房帮妈妈打下手。

※ 受社会环境影响，女性会有选择地放弃一些不适合女孩子的东西，并选择适合女性做的东西

在过去的半个世纪里，美国教育系统每年都会为研究者们提供一套完整的数据资料：全美国的几百万年轻人接受同一项能力测试。大约20年前，人们得出结论：一般来说，男孩在数学方面更出色一些，尤其是15岁以后。既然男孩和女孩的潜质相同，那他们的成绩为什么会有如此大的差别呢？在5岁到15岁之间发生了什么，使得男孩后来居上呢？

在美国学校里进行的心理研究提供了答案。研究发现，在三分之一的教室里，老师给最好的男生更多的关注和褒奖，而给最好的女生的关注就少了许多。可以说，老师对男女生的不同态度影响了他们的学习成绩。此外，研究人员还发现，父母一般倾向于低估女儿在数学和科学方面的能力，而高估男孩在这方面的能力。数学棒的女孩经常被告知，她们会找不到丈夫的。即使在今天开明

的时代，也是如此。久而久之，女孩逐渐接受了父母和周围人的观点，失去了对数学的兴趣。不仅仅是数学，人们也不鼓励女孩在科技领域发展。因此，上科学实验课时，遇到使用设备进行操作的情况，女孩往往会靠边站。所以女孩在科学课上的收获要比男孩小得多。

父母和老师在一面倒地对学习能力强的女孩进行压制的同时，还极力拔高男孩，灌输男孩“赢”的观念。结果，女孩开始失去自信，并且开始按人们所期望的某种方式生活。于是，关注自己是否举止得体，是否漂亮，是否吸引人，是否可爱，是否能吸引男人成为女性生活的主要目标，之后是生儿育女。而男孩却按社会的期望集中精力学习、发展自己的才能，以便能赢得成功。正是社会环境对男女施加的不同影响使得男孩更自信，更具竞争意识，更独立，自尊心更强，学习成绩更好，也更容易成就事业；但也更自我，更不懂得谦让和尊重他人。而女性更谦逊，更尊重他人，更有同情心和爱心，但事业心不强，出人头地、成就事业的女性则更是凤毛麟角。

不管怎么说，男女两性在成年后表现出来的学习能力和人格方面的差异，是童年时代家庭、学校、邻里、社会综合影响的结果。

■社会环境对男女情感方面的影响

社会环境不仅造成了上述提到的男女差异，还成功地塑造了男女的情感世界。

我们知道，女性更多愁善感，但她们也能更自如、

※ 社会环境塑造了女性的情感世界

更真实地表达自己的情感。她们的心要比男人软，她们不想征服世界，也不会发动战争。如果她们不高兴，就会告诉你。而男性就不像女性那么容易流露感情了，这可以说是两性间最引人注目的差别。但这是否意味着男性对事物的感受没有女性深刻呢？实际上男性有很多反应，但你无法从脸上看出来。

一项实验将男女两性的情感世界真实地展现在我们面前。这个实验并不依据人们的自我感受，而是测量身体对情感的反应。实验要求已婚的夫妇在实验室内进行一场争吵，以便让研究人员记录下他们情绪波动的幅度。实验结果显示，男性在这一过程中的心跳会加快，皮肤反应会加强，甚至比女性的反应更强烈，这说明他们内心有许多激烈的情感冲突，并不比女性弱，不过，他们却通过中性的面部表情巧妙掩饰了他们的情感。这是因为男人不能暴露弱点。如果你显示出弱点，你的形象就被破坏了，而且还会使得自己的弱点被人利用。这就是男人的心态。显然，男女的情感世界本质上是一样的，不过社会对男人的要求使得男性学会了伪装，掩饰了真实情感。

我们今天看到的男人应该掩饰情感的主流观点，

可以追溯到男性真正充当保护者角色的那个时代。在原始的部落时代，部落间经常会发生争夺食物或女人的战争，那个时代，男性的强悍意味着整个部族的生存，男性和女性都很看重这一点。在这种情况下，男人从小就要学习做一名保护者、一名战士，要坚强、勇敢，不要暴露自己的弱点。巴布亚新几内亚的桑比亚人男子成人礼就是这种文化的活化石。在仪式中，他们要忍受被带刺的海棠枝抽打的痛苦，但不能哭泣，不能畏缩。通过这种方式，他们学会了在一个和我们的世界完全不同的世界里如何扮演男人的角色。但今天的社会里，是否还有这种思想的残余呢？

※ 男性的强悍和情感内敛可以追溯到男性真正充当保护者的远古时代

除了掩饰自己的情感外，男性还忌讳与他人，

尤其是同性谈论自己的情感。在一项两性情感交流的对比实验中，参加实验的有一男一女的组合搭配，也有同性间的组合搭配，实验要求每组实验者互相谈一些私事。研究发现，在这种情况下，男人会谈自己的情感。不过，作为倾听者的男性同伴对朋友的自我表白总是显得没有什么反应。换言之，当他们的朋友谈私事时，他们会沉默不语。而当女性倾听朋友谈论这些私人话题时，她更可能做出反应。做出像“哦，啊！是的”这样的应答。从这个实验我们至少可以得出这样一个结论：实际上，男人更愿意跟自己的男性朋友谈私事，但也许男性朋友没有给他们足够的反馈，而女性朋友却对他们的谈话给予了充分的关注，

※ 现在大多数男性还保持着中世纪以前的态度——视彼此为对手

让他们愿意继续谈下去。实验结果也推翻了男性天生不善交流、不善表白的刻板印象。只不过由于社会不鼓励男人表露自己的感情，把情感的交流看作是女人的专利，是缺乏男子气的表现，即使到了科学高度发达的21世纪，这种对男人的要求基本没有大的改变，因此，男人们还保持着中世纪或中世纪前的一种态度：不要向对手流露出任何畏惧，所有男人彼此都是对手。这种态度使得男性在两性中显得不够体贴，而两性之间发生争吵最常见的原因正是女性要求从男性那里得到和她从女性那里得到的同样的体贴。

※ 两性之间发生争吵最常见的原因正是女性要求从男性那里得到和她从女性那里得到的同样的体贴

我们知道，在所有的情感中，男性最不会加以掩饰的情感就是愤怒。爱生气，好动手，容易火冒三丈，这些词是男性的代表词。即使是小孩子，在一堆图片中也会不假思索地选择有发怒、气势汹汹表情的动物为雄性；把面带笑意、令人愉快的动物视为雌性。澳大利亚运动学院的研究显示，男运动员比女运动员有更多对身体不利的情感，比如生气，男运动员经常需要帮助来控制感情。那么，是什么使男性易怒，并容易产生攻击性呢？如果将问题归结于睾丸激素，却又无人能证明睾丸激素水平高的男性比其他人更有攻击性。那种认为荷尔蒙水平和行为之间有简单直

※ 男性易怒、具有攻击性的特点是受到社会性别角色认可的结果

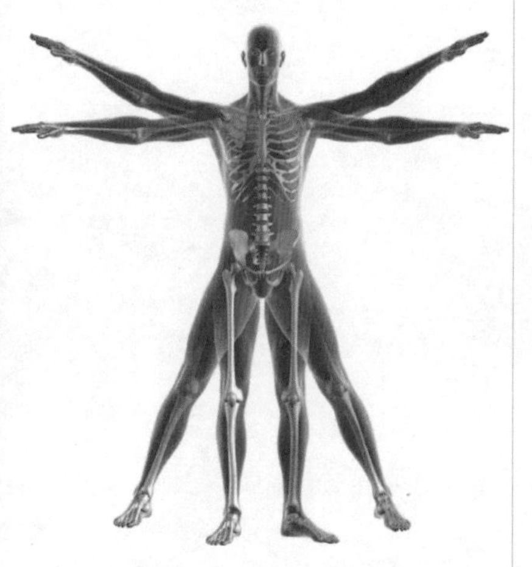

接联系的想法，那种认为荷尔蒙水平是导致两性间行为或情绪变化差异的主要原因的观点，是一种误导。如果荷尔蒙本身不能提供答案，我们应该到何处去寻找导致两性之间情感差异的原因呢？

在一个经典实验中，研究者们准备了一盘录像带，记录下一个9个月婴儿展示的一系列感情变化，要求参加实验的人分别说出婴儿所展示的具体是哪些表情。在此之前，有一半人被告知婴儿是男孩，另一半被告知婴儿是女孩。由于恐惧和愤怒的表情有点接近，因此，如果人们知道婴儿是男孩，他们都认定表情是愤怒；如果他们知道婴儿是女孩，就认定表情是恐惧。这清楚地表明，成年人对不同性别婴儿情感的预期影响着他们的判断。研究者由此得出结论，成年人，也许是出于无意，鼓励男孩和女孩有不同的行为标准。譬如，他们不让女孩子爬高，怕她们摔下来；但男孩却可以，因为这样他们会更强壮。

可以说，外部环境的刺激和荷尔蒙一样，从人一诞生起就一点点塑造着人们的情感世界和行为特点。事实上，男性易怒、具有攻击性的特点是受到社会性别角色认可的结果。人们把这种特点与男性的男子汉气概画上了等号，认为快意恩仇是真男人，是男子阳刚之气的表现；而不敢于表达愤怒，压制愤怒的男人是懦夫，像女人。如果一个女孩富有攻击性，人们对她的印象会非常不好，会认为她有神经病。尤其在崇尚个人英雄主义的西方文化中，这种对男性武力的宣扬和鼓励更加公开化，在法律之外，男性通过武力决斗解决问题在相当长的历史时期内被社会所承认。可以说文化传统把男孩都塑造成为了咄咄逼人的角色。俄罗斯著名诗人普希金和美国第一任财政部长汉密尔顿就是在决斗中死于对方的枪下的。

与有男子气概一样，冒险对男人，特别是男孩子来说，同样是一种不可或缺的重要品质。当你做一件可能危及生命的事情时，如果你成功了，你就是个英雄；如果失败了，你要么严重受伤，要么受到指责，但人们还是会鼓励你再试一次。

※ 死于决斗的美国第一任财政部长汉密尔顿

我们不得不承认，尽管男女两性在生理方面的差异造就了男女的性别差异，但社会文化无时无刻不在对不同性别的人施加影响，每一个社会在男孩和女孩一出生时就以不同的方式对待他们，他们的社会价值不同，得到的培养方式也不同，并且人们期望他们将来承担的社会角色也不同。随着科技的进步，研究者们将更加准确地区分出哪些差异是天生的、是和生物学性别相关的，哪些差异是社会文化影响的产物。

美国开国元勋汉密尔顿

亚历山大·汉密尔顿，美国的开国元勋及宪法起草人之一，曾任美国第一任财政部长。在美国的开国元勋中，没有哪位的生与死比亚历山大·汉密尔顿更富戏剧色彩了。在为美国后来的财富和势力奠定基础方面，也没有哪位开国老臣的功劳比得上汉密尔顿。他创建了美联储的前身——合众国第一银行，还为美国两党制的出现奠定了基础。后来卷入一桩性丑闻，在与副总统阿伦·伯尔的决斗中命丧黄泉。据说，此前他们进行过14次决斗，汉密尔顿都赢了，可是，最后一次，他却故意放了空枪，导致自己命丧黄泉。后来，人们从他的日记中发现了秘密：之所以放空枪，只是出于他对基督教的信仰。

奇特的“异性效应”

QITE DE YIXING XIAOYING

※ 在两性世界存在一种奇特的异极相吸现象

性别是生物界一种奇妙的现象，在两极分化的两性世界中，所有人类都按生理结构的差异被划分到了两个不同的性别群体里，并按照性别角色的要求展现出截然不同的性别差异。不过，看似格格不入的两种性别之间却存在着一种非常奇特的“异性效应”（Heterosexual effect）。大家一定见过吸铁石吧，也了解吸铁石的魔力所在吧——两块吸铁石放在一起时，同极相斥，异极相吸。两性世界的“异性效应”有点像吸铁石，异性相吸。说到这里，大家应该明白“异性效应”是怎么回事了吧！

“异性效应”是社会活动中普遍存在的一种心理现象，用比较专业的语言表述的话，“异性效应”是指在人际关系中，异性接触时产生的一种特殊的相互吸引力和激发力。这种吸引力可以使许多人在有异性参加的场合中非常愉快地完成那些在同性面前极不情愿完成的任务，并且表现得更卖力、干得更出色。

“异性效应”是有发生条件的。

首先，它对男女的比例和年龄差有要求。“异性效应”不同于男女之间的恋爱，不是一对一的那种，一般发生于一个集体中。在这个集体中，异性人数的构成，不论是男方还是女方，都不能少于所需要的最低比例——百分之二十，而且，他们的年龄不能相差太多。很难想象 15、16 岁的少男（或少女）会被 30、40 岁以上的成年女性（或成年男性）吸引，并在他们面前刻意表现自己。说到底，“异性效应”是一种发自人体生理本能的东西，与我们说的爱情有点相似，但没有爱情有那么强的指向性、占有性、专一性。

“异性效应”还有比较集中的时间段。

一般来说，“异性效应”主要出现在青春期，这一时期，是男女的性别分化快速发展并最终完成的时期，这一时期，生理上的逐步成熟使少男少女开始出现性的最初冲动，对异性也开始出现朦朦胧胧的幻想和无限的好奇，因此举手投足间都希望博得异性的更多关注。过去专门欺负女孩子的小霸王突然改邪归正，不仅不再欺负女孩子，还学会了保护女孩子，在女孩子面前逞能；过去对男孩子不屑一顾的女孩子也开始在私下里对男孩子评头论足，“帅呆了”“酷毙了”等美好的词汇被加诸于过去并不起眼的男孩子身上，在这些男孩子面前，女孩子都会不由自主地掩饰自己的小毛病，试图给男孩子留下美好的印象……

※ 刚刚步入青春期，“异性效应”就已经开始发挥其神奇作用了

对于那些走出青春期，经历过恋爱、婚姻，组成了家庭的成年人，“异性效应”开始变得不是那么明显。毕竟，这一群体对异性已经没有太多的神秘感，他们已告别集体生活，有了自己的伴侣，有了对家庭的责任，有了工作的压力……所有一切都逐渐麻木着他们的神经，使他们不像过去毛头小子和怀春少女那样单纯幼稚，那样毛毛躁躁；他们在异性

面前更多了一些道德的约束，更多了对自我的约束。这一时期的两性更多重视个人的容貌和装束，更强烈地维护自己的自尊心。

“异性效应”基本与青春期之前的男女绝缘。在幼儿园阶段，男孩女孩还没有明确的性别观念，男孩女孩在一起玩还比较普遍，但那时候他们彼此没有排斥心理，也没有特别要在异性面前表现自我的心理，那时的男孩女孩可以说是中性的。可以为争抢玩具搞得哭哭啼啼，发誓再不跟对方玩，但用不了多大会，又兴高采烈地玩在一块，成为了好朋友。到了小学阶段后，随着生理和心理的逐步发育，知识的进一步获取，男女生开始意识到了彼此的不同，并且在性格和行为方面出现了较大的差异，男孩子爱玩爱闹，爱捉弄女生，令女生厌恶；女孩子文静矫情、爱打小报告也让男生不爽，于是，双方显得水火不容。这时，男女生开始分成截然不同的两大阵营，彼此没有好感，没有共同语言。男生在一起打打闹闹，女生在一起扎堆学习、游戏、说悄悄话。就像吸铁石的同极一样，相互排斥。等到了初中，男女生才睁开蒙昧的双眼，异性在另一个性别的世界里才具有了吸铁石般神奇的魔力，渴望了解对方，获得对方

※ 幼儿时期“异性效应”基本上是不存在的

的认同使得“异性效应”大放异彩。

“异性效应”有它发生的场合。

一般来说，“异性效应”基本不会出现在所谓“老夫老妻”的家庭中。当爱情最初的激情退却后，双方都不再在对方面前掩饰自己的缺点，并且都对对方丧失了最初的耐心和宽容，这时，对方不仅会相互推诿，还会相互指责，简直与过去双方印象中的形象判若两人。这种情况下，能不“三日一小吵”“五日一大吵”已经算不错了，更别指望能在对方身上看到神奇的“异性效应”了。

“异性效应”更多发生在学校、多人办公的办公场所中和一些集体性活动中。

如某班的宿舍卫生总是搞不好，不少学生不叠被子、床铺乱七八糟，老师想了个办法，每个学生都在自己的床上贴上名字，检查卫生时，男学生检查女宿舍，女学生检查男宿舍。由于谁也不想在异性同学面前丢丑，因此宿舍卫生大为改观。这里，就是“异性效应”在起作用了。如某班外出野餐；第一次男女分席，男孩子你争我抢，狼吞虎咽，一桌菜吃个精光。女孩子在嬉笑打闹中，把一桌菜也很快地报销了，杯盘狼藉。第二次男女合席，情景大为改观，男孩子你谦我让，大有君子之风度，女孩子温文尔雅，大有淑女之风范。在这种情况下，“异性效应”让男女双方都尽可能地做了克制，起到了彼此约束的作用。在港台反映校园生活的影视作品中，经常会出现运动场上的美少女拉拉队，这也是利用了“异性效应”的原理，那些来自异性的“加油”声会给运动员带来更大的鼓舞和力量。

异性效应也发生在教学过程中。由于女教师一

※ 绿茵场上的美少女拉拉队

般具有亲和力，因此，那些桀骜不驯的男生，遇到耐心细致、言语和蔼可亲的女老师往往会出人意料地接受管教，表现得相对顺从。而女学生也喜欢与男教师交流学习和生活问题，她们也更容易获得男教师的良好评价。这都是“异性效应”的魔力。

“异性效应”还表现在一个公司内部，男同事之间一般喜欢开点“荤”玩笑，但遇到女同事在场就马上收敛，表现出一副正人君子的派头。同样，男同事之间往往存在激烈的竞争关系，对男同事的求助一般都不是很热心，彼此都留着一手；而对于女同事的求助，男同事的表现往往就比较积极，不仅帮忙解决问题，还热情周到，几乎毫无保留。在公关公司、广告公司和一些对外联系业务的部门，同样的能力，女性往往比男性更容易获得订单，更容易成功。这是因为如今的社会还是一个男权社会，很多时候人们外出办事都要和男性打交道。如果是哥们弟兄打交道，可能事情还顺利些；如果面对的都是陌生人，陌生人之间芥蒂心都是很重的，这时候同性排斥心更强，相比之下，或温婉或干练，或赏心悦目的女性出马来跟陌生男性沟通就会比较顺利，毕竟，异性相吸是生物界通用的法则。

※ 职场上的异性相吸现象依然普遍存在

最匪夷所思的是，“异性效应”居然在宇宙飞船中也曾发生过。有一种宇航员病叫作“航天综合征”，表现为头痛、眩晕、失眠、烦躁、恶心、情绪低沉等，在宇宙飞行中，约有60.6%的宇航员会出现这种症状，并且一切药物均无济于事。这种症状同样在南极科考的澳大利亚科研人员身上也发生过，这与太空失重环境和南极寒冷环境没有任何关系。造成上述症状的原因居然就是男女性别比例严重失调，缺乏“异性效应”，导致异性气味匮乏。为了解决这个问题，美国著名医学博士哈里教授向美国宇航局提出建议，在每次宇航飞行中，挑选一位健康貌美的女性参加。没想到，这个办法居然管用，长期困扰宇航员的难题就这么迎刃而解了。

那么，为什么产生“异性效应”呢？为什么只有男性或女性的环境中人们容易疲劳，且工作效率不高呢？为什么男女搭配，干活就不累呢？就容易出成绩呢？这种现象无论如何用社会环境的影响是解释不清的，一切都得还原到生理本能方面。有人说过，每个人都是不完整的。从性别分化开始，原来由一个生物体独立承担的繁衍后代的重任被卸载到两个不同性别的生物体身上，并产生了对异性的性冲动。为了完成远古遗留下来的使命，不同性别的生物体从性成熟开始就本能地渴望与异性的身体接触，渴望与异性结合，在这个过程中，彼此间就会想尽办法吸引对方，以博得异性的好感。因此，可以说，“异性效应”实际上是原始“性欲效应”的现实反映，一般而言，越爱在异性身边表现自己的人性欲望越强烈。当然，在文明程度很高的人类社会，人们的言行举止都受到社会规范的约束，所谓的“异性效应”已不再有原始时代强烈的性欲目的性。所有的一切，都为了赢得对方的赞赏，获得最大程度的心理满足。

※ 据说在远离地外的宇宙飞船中居然也出现了“异性效应”

漫话爱情

MANHUA AIQING

生物进化论告诉我们，生物最初是没有性别之分的，自从性别两极分化起，生物界就通过它既有的法则协调着两性的关系，在原本对立的两性鸿沟间架起一座座桥梁。前面提到的“异性效应”就是搭建在两性世界中的一座小桥。不过，这座桥梁远不如爱情坚固。毕竟，爱情比“异性效应”有更强的指向性，异性双方在爱情中获得的心理满足更是远远大于在

※ 爱情在原本对立的两性世界架起了一座坚固的桥梁

“异性效应”中获得的心理满足。

那么，爱情到底是什么东西呢？不同人有不同的解释。哲学家说“爱情就是做人”；文学家把爱情比作是“生命里最美丽的花朵”；诗人则说，因为有了爱情，所以“在天愿作比翼鸟，在地愿为连理枝”……可以说，地球上有多少个人，就有多少种对爱情的解释。

为什么一个人可以那样地去爱另一个人？心理学家对于爱情本质的认识，历来有两种看法：“唯精神论”和“唯性欲论”。“唯精神论”认为，爱情是纯精神的、非肉体的，是男女之间心理上的亲密、精神上的依恋，它将人们的情感完全熔化在所爱的人的关怀之中，称之为“情爱”；“唯性欲论”则把爱情看作一种纯粹的性本能，性欲是爱情产生的唯一根源，爱情的目的就是为了肉体的快感、性欲的满足，是之谓“性爱”。显然，这两种观点对于爱情的理解都带有一定的片面性。

※ 爱情不是单纯的性爱

事实上，爱情应当是性爱和情爱的统一。首先，爱情是人的自然本能，原始动力来自于男子和女子的性欲，是延续种属的本能，是到了青春发育期以后必然产生的一种自然需要。有这么一个故事：老和尚抱养了一个娃娃，从孩子刚懂事起，就用正统的儒家思想教育他，以极其严格的儒家修身之道训练他。想来这个十几年未出山门，被师傅视为最净洁的徒弟是不会有半点淫欲之念的。一天，师傅首次带徒儿下山，在山下突然遇到一位妙龄女郎，小和尚惊呆了，竟目不转睛地盯着她看出了神。老和尚发觉后，面露愠色地喝道："阿弥陀佛，那是老虎，要吃人的，不可再看！"小和尚仍恋恋不舍，被师傅斥回寺中。进得大殿，师徒打坐已定，师傅问道："此番下山，有何收获？"不料小和尚不假思索，脱口而出："我最喜欢老虎！"这个故事生动地说明了爱情的自然本能性，它是人的基本需要之一。

※ 爱情是一种本能，是性爱和情爱的统一

性爱虽然是爱情的基础和原动力，但爱情不单纯是性爱。人作为社会的人，人类的爱情不仅仅源于两性之间的自然吸引，还应含有非性的因素，包括双方的精神吸引和调和、互相尊重、自我牺牲等。因为爱情需要在人的高级精神领域才能得到升华，它要求双方以美好的心灵、高尚的人格达到和谐的统一，这才是爱情的最高境界。正如马卡连柯所说："人类的爱情不能单纯地从动物的性的吸引力培养出来。爱情的‘爱’的力量只能在人类的非性欲的爱情素养中存在。”

“爱情”是一种奇妙的感觉，时而清晰，时而缥缈。它充满着神秘色彩，让我们永远都不了解它的真正“面貌”。爱情是生活中不可缺少的元素，是让人无法不想起的主题。生活可以说是用爱情建立的，没有了爱情，生活也将失去颜色。男人和女人从相互吸引开始，发展到有了亲密行为，最后碰撞出爱情的火花。“爱情”对一个人的生活、事业、家庭等都有着极其重要的影响，不夸张地说，甚至可以改变一个人的人生观和世界观。

我们不得不承认：那些与我们有过几次接触的

※　沐浴在爱河的男女

人，比那些几乎与我们没有接触的人更容易对我们产生吸引力。有研究表明：被试者对那些有过较多接触的人的喜欢程度要远高于对接触较少的人的喜欢程度。常言道："物以类聚，人以群分。"的确，我们倾向于喜欢与我们相似的人，包括年龄、种族、教育程度、经济状况和社会地位等方面。即使出现了各个方面都比自己好的人，一般也不会去选择，因为那样会让你觉得没有安全感。而且，爱情更注重搭配，相互之间以长补短，专心于"一把钥匙开一把锁"。支配性的人与从属性的人相配对，其关系的满意度比那些单纯是支配性的或从属性的人相配对关系的满意度要高。

那么，我们如何解释这种现象呢？现在有两种理论：（1）强化理论（人际吸引法则）：人们倾向于喜欢那些给予他们夸奖和奖励的人。其实简单地说，就是人们喜欢经常对他们表示友好而非凶恶的人。想必谁也不愿意喜欢一个每天都在挑剔自己，对自己很凶的人。（2）生物社会学理论（性别的策略）：现实生活中，女人喜欢长得帅的男人，而男人则倾慕于漂亮的女人，这种想象经常被人称之为"花痴"和"色狼"，并给予强有力的鄙视。其实这个是符合"性别策略"理论的。生物社会学家从进化论的角度来看待性行为：交配的作用是生育后代；根据一些偏好成功选择配偶者可以生育更多的后代，他的后代也可以生育更多的后代，将他们的优势遗传下去。外表上具有吸引力的人给人的感觉更健康，生育后代的能力也可能更强，因此人们喜欢与长得漂亮的人为伴；年轻女性较年长女性具有更强的生育

重视精神恋爱的柏拉图式爱情

柏拉图式爱情是以西方哲学家柏拉图命名的一种精神恋爱，它追求心灵沟通，排斥肉欲。这种概念命名最早由马西里奥·斐齐诺于15世纪提出，用来指代苏格拉底和他学生之间的爱慕关系。柏拉图认为：爱情，是人世间美的形体窥见了美的本体后引起的爱慕，人经过这种爱慕而达到永恒的美，不能把爱情当作利害关系和情欲去满足。

后代的能力和容貌。因此，男性倾向于找年轻的女性。同样，女性希望配偶具有繁殖价值（如外表漂亮），同时希望配偶能够愿意在她们和孩子身上投资，即男性必须拥有一定的资源（金钱和获取金钱的能力）。

不可否认，在大多数人心目中，一位女性的价值主要体现在肌体的美丽程度，而男性则是以其成功为基础的。有心的人会发现，现实社会中有一种倾向，即：美丽的女性会与富有、成功的男性结合。在一项研究中，将女同学按其外貌的吸引力进行了排序，然后让这些女同学完成一份关于她们期望与哪类男生约会的问卷。在这一问题上，男性职业对其选择有很大的影响。女性认为诸如外科医生、律师和药剂师等高社会地位的男性是理想的约会对象，而诸

※ 大多数男女在择偶时都比较看重外貌，这是符合生物进化理论的

如门卫、酒吧服务员等低社会地位职业的男性则被大多数女性认为几乎是不可接受的。然而，在对电工、会计师和水管工等中等水平职业的男性进行评价时，有吸引力和不具有吸引力的女性之间就出现了差异。有吸引力的女性认为与中等职业的男性去约会是不可接受的，而不具吸引力的女性则觉得这至少是可以接受的。可以看出，判断一个男性被期望的程度取决于女性对自身价值的认同。有吸引力的女性对中等地位的男性不感兴趣，因为她们显而易见地认为自己“值得更多”；不具吸引力的女性发现中等地位的男性更具有吸引力，可能是因为她们认为这样的男性在她们的“价值范围”内是合理的。

男女之间友情和爱情的区别就在于“亲密行为”，这道“三八线”界定着神秘的人类情感。那么，什么样的行为算是“亲密行为”呢？

※ 爱情发展流程图

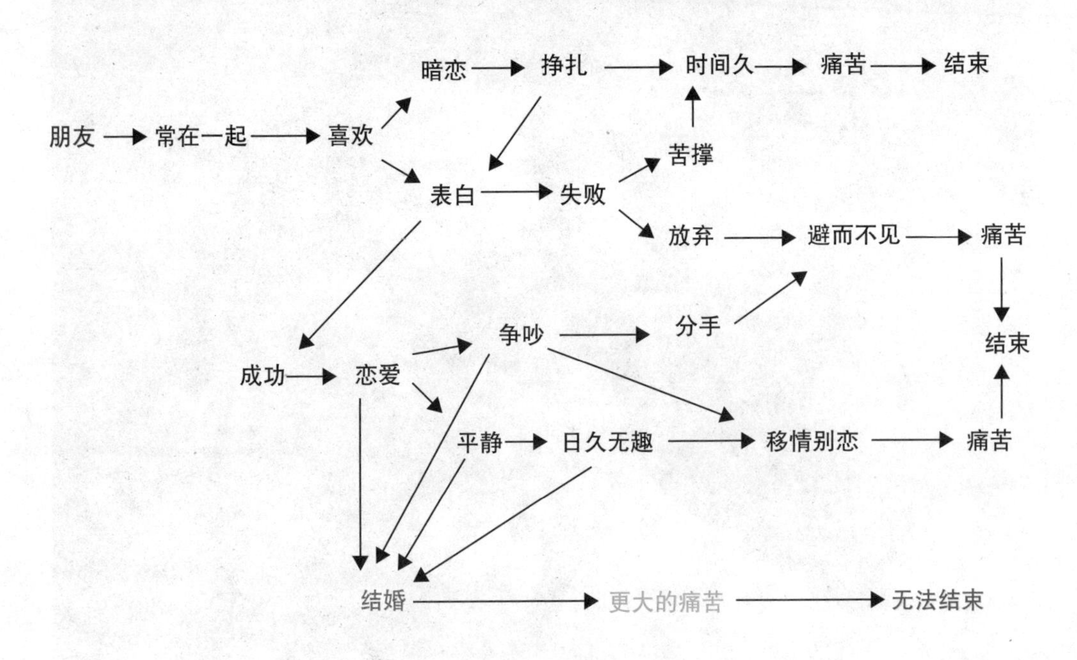

心理学家为我们提供了不少关于“亲密行为”的定义，比如说：（1）亲密行为的定义包括如下几点特征：坦白、诚实、相互间的自我暴露；关心、热情、保护、帮助；相互能够献身、相互关注、相互忠诚；放弃控制权、降低自我防御；充满感情，当彼此分离的时候感到沮丧。（2）情感的亲密行为从行为的角度被定义为相互间的自我暴露、各种的言语交流、相互喜欢和爱慕的表达以及爱情的表述。第一个定义关注于人的个性特征；而第二个定义则强调人际间的关系。

那爱情究竟是什么呢？有意思的是，有人做了一张有趣的“爱情发展流程图”，阐释爱情的始终。

那爱情真正的产生机制又是什么？专家们大致给出了如下几个主要理论：爱情三角理论、依附理论、爱情故事、生物化学理论、爱情观类型理论。

斯腾伯格其人

罗伯特 · J. 斯腾伯格（1949—），美国耶鲁大学心理学和教育学 IBM 教授。他的研究领域包括爱情和人际关系，人类智慧和创造性等。最大的贡献是提出了人类智力的三元理论。此外，在人类的创造性、思维方式和学习方式等领域业提出了大量富有创造性的理论与概念。他是古根海姆基金会和美国国家科学基金会的研究员，美国科学与艺术学院、美国科学促进协会、美国心理学会会员，并同时担任美国心理学会普通心理学和教育心理学学会会员和主席。

爱情三角理论

斯腾伯格（Robert Sternberg）在 1986 年提出了一个关于爱情本质的三角形理论（Triangular theory of love）：爱情是由三个基本的成分组成的，即亲密关系（Intimacy）、激情（Passion）和责任（Commitment）。

“亲密关系”是爱情的情感成分，指与其他人紧密或亲密的感觉。这种感觉通常包括与爱人间相互理解的感觉；和其分享的感觉；与爱人的亲密交流，让爱人倾听和接受你所分享的感觉；给予爱人情感上的支持和接受他 / 她对你的情感支持等。当然，这里的亲密关系绝对不是“性”的一种委婉说法，这

※ 爱情三角形理论的提出者斯腾伯格

种情感上的亲密关系在最好的朋友之间、父母与子女之间也同样可以见到。

“激情”是爱情的动力，指身体上的吸引和性表达的驱使能力。激情是区分爱情的爱与其他的爱（如好朋友之间的爱、父母与子女之间的爱）的重要标准。一般来说，激情在爱情的成分中是最容易被唤起的，但在长久的爱情关系维系中它又是最容易消退的。

亲密关系和激情的出现并没有固定的模式，往往纠缠在一起。在一些情况下，当一对情侣最初接触时，首先出现的是激情，伴随着很强烈的彼此身体上的吸引；然后才发展到情感上的亲密关系。而在另一些情况下，人们只是通过很偶然的机会才相识，随着情感上的亲密关系的发展，才出现了激情。当然，也有些情况中亲密关系和激情是完全分开的，如偶尔的性关系，激情存在但没有亲密关系。

“抉择或责任”属于认知成分。短期的方面是“抉择”，即一个人爱上另一个人。长期的方面是“责任”，以维持这种关系。

在斯腾伯格的爱情三角中：顶端是亲密关系，底部左端点为激情、右端点为抉择或责任。两个彼此相爱的人的“爱情三角”的形状、大小越接近，说明他们之间越相配，对这种关系就越满意。根据这三个成分，一个人可以分析其恋爱关系，以发现两人的不相配之处：可能在激情方面匹配得很好，但其中一人比另一人觉得需要更亲密的关系或者责任。

斯腾伯格认为，随着男女双方认识时间增加及相处方式的改变，上面提到的三种成分将有所改变，爱情三角会因其中所组成元素的增减，其形状与大

※ 《浪漫满屋》宣传海报

小也会跟着改变。三角形的面积代表爱情的质与量，面积愈大，用斯腾伯格的话说就是：“三角形越大，爱情就越丰富。”

举一个例子来说明一下这三个基本成分。在韩国电视连续剧《浪漫满屋》中，韩智恩和李英宰最初因为房子而认识，因为房子两个人生活在一起，在长期的“打斗”中，两个人，对彼此产生了好感，慢慢地产生“亲密”因素，期间姜惠媛和柳民赫在他们中出现，虽然使这两个人开始远离，但也正是因为这个，两个人的“亲密关系”才得以百分百地显露。进而激发双方对对方的“激情”，平静后，经历一段时间后，双方又意识到“抉择或责任”，最终走到一起，成为一对真正幸福、令人羡慕的连理。开始性格超级不和的火星男与金星女，正是在长期的交往中学会彼此包容、理解、牺牲，才会在最后成为两个全

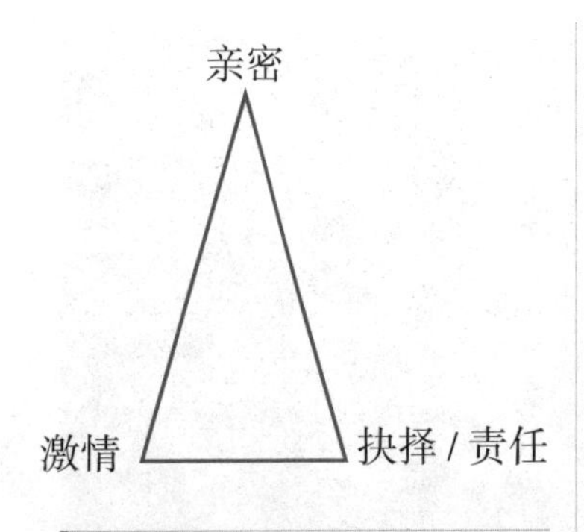

※ 斯腾伯格的爱情三角

※ 三角理论下的几种爱情关系组合图

等三角形，幸福地生活在一起。

斯腾伯格同时提出："没有表达，就算是最伟大的爱也会死亡"——"爱情"的每一个成分都必须在行动和语言中体现出来。亲密关系可以运用例如交流私人感觉和信息、提供感情支持、对另一方表达同情等行为来体现。激情则可以用亲吻、触摸等行为来体现。抉择或责任可以用说"我爱你！"，结婚及在不出现特殊情况下仍能够坚持关系等行为来表达。

后来，斯腾伯格进一步提出：在三种成分下有八种不同的爱情关系组合，它们分别为：

1. 喜欢：只包括亲密部分；

2. 迷恋：只存在激情成分；

3. 空爱：只有承诺的成分；

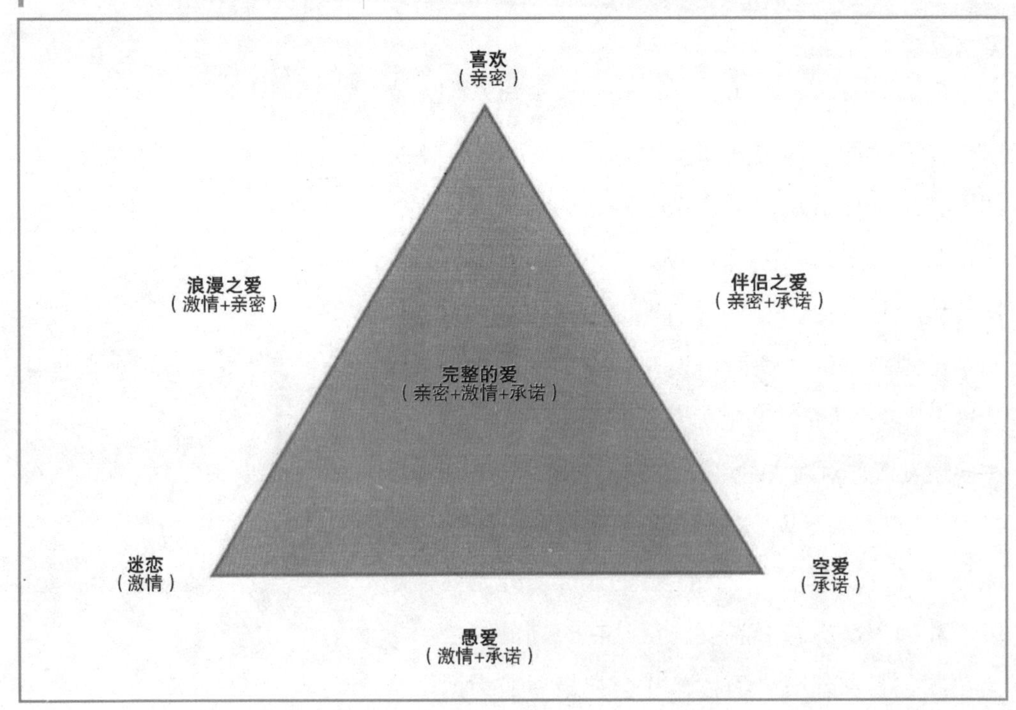

4. 浪漫之爱：结合了亲密与激情；

5. 友谊之爱：包括亲密和承诺；

6. 愚爱：激情加上承诺；

7. 无爱：三种成分俱无；

8. 完整的爱：三种成分集于一个关系当中。

■爱情依附理论

爱情的依附理论是以哈森（Hazan）和辛普森（Shaver）的观点为基础的。根据依附理论，在爱情关系中，爱人一般可以被划分为安全型爱人、逃避型爱人和焦虑－矛盾型爱人三种类型。

※ 健全家庭的儿童长大后更可能成为安全型爱人

1. 安全型爱人：那些很容易与其他人接近，其他人与其接近时给人一种舒适感觉的爱人。在相处时，相互依赖对他们来说是正确的，安全型的爱人不怕放弃。

2. 逃避型爱人：在与其他人接近时感到不舒服，别人与其接近时也给人一种不舒服的感觉。对于这种人来说，信任和依赖同伴是很难做到的。

3. 焦虑－矛盾型爱人：这种人很想完全地接近自己的同伴，却发现同伴没有相应的回应。或许是因为焦虑－矛盾型的爱人害怕对方离开，他们在关系中处于一种不安全的境地，总是担心他们的爱人并不是真正地爱他们。研究表明，大约有 53% 的人是安全型的，26% 是逃避型的，20% 则是属于焦虑-矛盾型的。

哈森的研究同时还表明：由于离婚或死亡等原因从小就与父母分开者，与成长以后其依附关系的类型没有关系。也就是说，童年期父母离异者与家庭健全的儿童相比，并没有更高或更低的成为安全型爱人的可能性。

■爱情故事

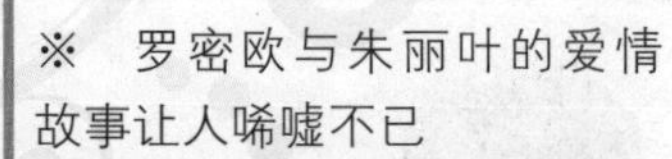

※ 罗密欧与朱丽叶的爱情故事让人唏嘘不已

当人们想到“爱情”的时候，首先浮现在脑海里的常是那些美丽、感人或伟大的爱情故事：梁山伯与祝英台；罗密欧与朱丽叶；灰姑娘与王子……其实，这些故事不仅仅是一种文艺作品，它们左右了人们对爱情及其关系的信仰，从而也影响了人们的行为。

有一对夫妇结婚已经 28 年了。要知道，自从他们结婚那天开始，他们的朋友就预言他们会离婚，因为他们经常吵架，女方小 A 甚至威胁说要离开男方小 B，她表示他说任何事情都不能让她开心。但是，他们俩一直快乐地生活着。另外一对夫妇小 C 和小 D，他们曾经拥有一段完美的婚姻，他们是这么对朋友们说的，事实也确实如此。他们的孩子说他们从来没有打过架。然而，当男方小 D 在办公室里遇到了一个心仪的女性小 E，便离开了妻子小 C。他们最终离婚了。大家肯定会疑惑：两对夫妻的结局是不是弄反了？如果爱情仅仅是两个人之间的相互交往以及他们如何交流和互动，那么结局的确是反了。

但是有许多故事结局并非如此，而是在于每一个人是如何去解释他们之间的交往。

一个爱情故事应该有人物、情节和主题。情节描述了发生在关系中的事件类型。主题是中心，它为我们提供了事件的意义以补充情节，且为主人公指明了行为的方向。引领小A和小B的故事是“战争故事”。他们将爱情视为战争，一个良好的关系包括经常的争斗。两个主人公都是勇士，为着共同的信念而战斗。爱的主题就是战争。爱的成分包括争论、打斗、威胁等。在特定的战斗中，一方可能获胜或是失败，但战争依旧继续着。小A和小B的关系一直保持着，因为他们拥有共同的观点，因为这样适合他们的性格。如果大家还是疑惑，那就想想上文中提及的李英宰和韩智恩，是不是很像小A和小B？

※ 当一个人遇到一个适合自己的爱情故事时，便会坠入爱河

所以说，当一个人遇到一个适合自己的爱情故

事时，便会坠入爱河。当人们及其伴侣与他们的爱情故事中的人物相符时，往往会对他们之间的关系很满意。小C和小D的婚姻表面上看似乎很完美，但它并不符合小D的爱情故事，因此，当他遇到“真爱”小E（符合在他的最初爱情故事中的女性）时，便选择了离开。

※　当两个人的爱情故事相似或相近时，两人就越是幸福，也就越能够长久地在一起

很多“爱情故事”都是源于文化、民间传说、文学作品、戏剧、电影和电视节目中。文化内容与我们的个人经历和个性结合，才创造了属于我们每一个人的“爱情故事”。每个人都有不止一个故事，它们通常会形成一个等级。小D的其中一个故事是“房子和家庭”，家庭是维持关系的核心，他把大量的精力投入到房子和孩子身上，而非小C身上；而小E却让他想起了“爱是神秘事情”的故事，这个故事对于当时的小D来说更为心动（小E的“爱情故事”级别高于小C的）。小D不能解释为什么离开小C和孩子们，正如大多数人不能解释离开他们长期生活在一起的恋人一样，其实他只是并没有真正意识到自己的“爱情故事”和它们的等级。

所以，当两个人的爱情故事相似或相近时，两人就越是幸福，也就越能够长久地在一起；而两个人之间的故事差异越大，它们之间的快乐就越少，分开的概率也就会越大。

■爱情的生物化学理论

之前介绍的都是将爱情作为一种现象来进行描绘的。而爱情的生物化学理论是根据生物化学将爱

情分为两种不同的种类：激情型爱情和伴侣型爱情。

激情型爱情是一种渴望与另一人结合，并处于很高的生理唤醒水平的状态。它包括三个方面：认知的、情感的和行为的。认知包括对爱人全身心的关注和对爱人或恋爱关系的理想化；情感包括生理唤醒、性吸引和结合的渴望。行为是指关心对方和保持身体上的亲近。激情型爱情是人类的本能，是无法抵抗的、强迫的、可以令人废寝忘食的情感。

相比之下，伴侣型爱情就显得较为沉稳，它是指对已建立亲密关系的人的一种深深的依附感和责任感。可以说它是激情型爱情发展的最终结果，并且人们所期望得到的也正是伴侣型爱情。

※ 大多数情况下，激情型爱情都会转向伴侣型爱情

激情型爱情是火热的，伴侣型爱情是温和的。激情型爱情往往是恋爱关系的第一个阶段——两人相遇、坠入爱河、海誓山盟——随着关系的发展，便将逐渐转向伴侣型爱情。

爱情观类型理论

爱情观类型理论是加拿大社会学家 John Alan Lee 于 1973 年提出来的，将男女之间的爱情分成六种形态：

情欲之爱（eros）、游戏之爱（ludus）、友谊之爱（storge）、依附之爱（mania）、现实之爱（pragama）及利他之爱（agape）。

※　根据经典爱情小说《飘》改编的电影《乱世佳人》海报

所谓的“情欲之爱”是一种充满罗曼蒂克、激情的爱情，它建立在理想化的外在美基础上，也就是说，这种类型的爱情对象都是俊男美女。游戏之爱将爱情视为一场游戏，并不会真正投入真实的情感，这种爱情重视过程而非结果，而且常更换对象。友谊之爱是一种细水长流型、稳定的爱，两性双方的关系有点类似青梅竹马般的感觉。依附之爱者对于情感的需求非常大，可以说这种人是为爱而活，这是一种重情绪的爱，非常不稳定，其中充满妒忌与争执。现实之爱者相对比较现实，恋爱双方从谈恋爱之前就会考虑对方的现实条件，以尽可能减少付出的成本，同时获得更大的回报。利他之爱则带着一种牺牲、奉献的态度，追求爱情且不求对方回报。经典爱情小说《飘》中艾希利的妻子韩媚兰对丈夫的爱就是一种利他之爱，而郝思嘉对艾希利的爱就包含了情欲之爱和依附之爱。

PART 4

第4章
性别的社会问题

从性别诞生的那一刻起，性别的差异就带来种种社会问题，主要表现为两性关系的不平等，由此衍生出一系列的复杂的社会问题……

两性关系史怪谈

LIANGXING GUANXI SHI GUAITAN

如果说前面提到的女性歧视还不能引起大家共鸣的话，那么，下面的两性关系史怪谈将为读者奉上诸多历史角落中或血腥暴力，或颇具爆料性的故事，可能闻所未闻，也可能知之不详。接下来，让我为各位一一道来……

※ 西方文化中被丑化的女巫形象

女巫之祸：文明史上最血腥的一幕

一座阴森恐怖的房子、一个干瘪消瘦的老太婆、一把会飞行的扫帚、一串不知所云的咒语……在人们印象中，女巫丑陋、诡异、邪恶、歹毒，在历史黑暗的角落中用冰冷的目光逼视着芸芸众生，随时随地都可能给人类带来无尽的灾难。白雪公主邪恶的继母就是一个女巫，她用毒苹果害死了纯洁美丽的白雪公主；睡美人之所以长睡不醒就是因为她在降生之时被可怕的女巫施了毒咒，被纺车扎死；《美女与野兽》中那位傲慢的王子就是怠慢了前来投宿的女巫被变成了野兽；《小美人鱼》中具有野心勃勃的女巫乌苏拉用巫术骗取了小美人鱼的美妙歌声……可以说，西方文化传统中的女巫几乎无一例外都与邪恶画上了等号。

其实，人类社会早期，尤其是原始蒙昧的母系氏族社会女巫的形象可不是这样的。那时候，女巫通过她早慧的知识与大自然沟通，为部族答疑解惑，治疗疾病。她们是知识的象征，地位尊贵。当男权社会到来后，女性开始受到排挤，尤其是新的宗教取代原始宗教后，旧文化中的所有灵魂人物几乎都无一幸免地被新生的意识形态彻底妖魔化，而不信新宗教的女巫更是成为新宗教打击的对象。

猎巫运动，顾名思义就是大肆捕猎巫师的运动，它发生在人类即将告别黑暗的前夜，发生在基督教全面控制了欧洲人的精神生活的中世纪，发生在黑死病猖獗一时的欧洲。原本基督教就一直敌视女巫，把她们看作撒旦的信使。可是，14 世纪波及整个欧洲大陆、持续近 300 年的黑死病却使占社会统治地位的基督教出现信任危机，人们开始对基督教的救赎力量表示质疑，有人甚至替撒旦平反，并改信撒旦教和黑弥撒。为了挽回局面，基督教会开始转嫁危机，他们把巫师及所有他们能想到的讨厌的对象污蔑为发动黑死病的元凶。这时，轰轰烈烈的猎巫运动开始了。

最初被指控的男巫和女巫的数量一样多，1485 年，一本名为《女巫之槌》（Malleus Maleficarum）的猎巫手册面世，书中大肆污蔑女性，宣称“巫术是来自肉体的色欲，这在女人身上是永难满足的，魔鬼知道女人喜爱肉体乐趣，于是以性的愉悦诱使她们效忠”。该书作者认为，女巫就是在那些可怕的魔鬼驱使下，利用她们邪恶的巫术来害人的。人们所得的种种疾病都因她们而起。在这本书煽动下，整个欧洲社会把猎巫的矛头

※ 大名鼎鼎的女巫搜捕将军马太·霍普金斯在辨别女巫

指向女性。人们开始相信巫术和女巫是带来黑死病和天灾的大敌，出于恐慌或种种目的，人们争相前往宗教法庭检举所谓的“女巫”，而被逮捕的受害者，在宗教裁判所严刑逼供下，不得不捏造更多他人与魔鬼交易的“事实”，制造更多的冤狱。在那个黑暗的年代，要想陷害某个女子是“女巫”，似乎是轻而易举的。因为当时有告密者获赏，并保证给告密者严守秘密和免罪的规定，所以人们可以肆意陷害。因此，任何女子因长得漂亮而招人妒忌，或因态度高傲而得罪了求婚者，一封告密信就会把她送上死路。还有些人为报私仇，或为了转嫁自身的危机而去告密。于是，基督教天主教会统治下本已苟延残喘的欧洲，变得血雨腥风，人人自危。那些被判死刑的女巫，不仅财产全部被没收，还要饱受人身侮辱。

首先，对“女巫”的审讯本身就是邪恶、淫乱和惨无人道的。可以说，对“女巫”的审判就是许多人“欣赏”、玩弄、侮辱女性的好机会，他们可以对这些可怜的女子为所欲为，从而达到他们兽性的满足。在法庭中，所谓的“女巫”会被剥得一丝不挂，并且，除头发外，其他的体毛都被剃除，审讯中解释说是为了更方便寻找可以确认有妖魔附身的黑痣与斑点等等；最荒唐的是，不管被告认不认罪，结局都一样。拒不认罪，法庭会多次用刑。有时候，刑讯时间还

※　恐怖的女巫迫害

※ 恐怖的女巫迫害

是无限制的。

对“女巫”的侮辱不仅仅表现在法庭上，行将被处决时，这些可怜的女人还要经受另一番侮辱。据记载，猎巫运动期间，处决“女巫”就如同马戏团的色情演出，居然能导致万人空巷。因为这些即将被处决的“女巫”赤身裸体、痛苦的扭曲能带给男人们一种畸形的感官刺激。而这个居然也让某些有生意头脑的人看到了商机。在施以火刑或煮刑的广场上，或是投河的桥边，排列着许多小摊，聚集着许多小贩，就像在赶庙会。

总之，这场对女巫的迫害恶潮，席卷欧洲近 300 年，无数妇女成为无辜的殉葬品。据不完全的统计，从 14 世纪到 15 世纪的短短一百多年间，全欧洲被指控为“女巫”而被烧死的女子就在 5 万人以上，数量之巨，令人毛骨悚然。

■绑在女性私密部位的枷锁——历史上的贞操带

※ 欧洲女人们的性枷锁——贞操带

个别影片中出现了一种新奇的玩意“贞操宝甲”。女人穿上它，任有多少狂蜂浪蝶也占不了她任何便宜。相反，还有被这种武器弄成太监的可能。可是，历史上还真有这一种玩意，它的名字不叫“贞操宝甲”，而叫“贞操带”（chastitybelt）。不过，这个贞操带可没影片中那么夸张，那么厉害。它只能保护女人不被丈夫以外的男人性侵犯而已。这不是男人们怜香惜玉，为避免妻子遭人强暴而发明的玩意，而是男人们为防止妻子红杏出墙而发明的性器官枷锁。

贞操带说白了就是一条带锁的铁内裤。这是欧洲文化中一种独特的现象，足以与中国古代的守宫砂相媲美。

历史上最著名的贞操带由威尼斯的卡勒拉所制。它由两片铁片组成，顶端缚有铁带，可系在女人的腰间。两个铁片上各有一个小孔，供排泄用，孔的阔度仅能容一个手指，且有尖锐的铁齿。这种恐怖的设计一方面可以防止女人不忠，另一方面也能防止她们自慰。小小两片铁皮，就把女性封闭起来，成为丈夫专有的性工具。男人可以在外面胡来，女人却必须带着沉重的铁皮内裤，等待丈夫需要她们时给她们打开枷锁。简直就跟犯人的待遇差不多。

据考证，在著名的《荷马史诗》中就已经出现了贞操带的雏形，这个故事出自《奥德赛》：火神与锻造之神赫菲斯托斯的妻子阿佛洛狄忒与她的小叔子发生性关系。为了防止妻子再度红杏出墙，赫菲斯托斯便锻造了一件紧身褡给她穿上，使她无法与丈夫以外的男性通奸。

有一种说法说，我们现在所理解的贞操带发明于11世纪，据说是那些即将外出的战士为了保护妻子免遭强暴或防止妻子不忠而发明的，不过这种说法目前还没有证据佐证。有关贞操带的直接记载，出现在1405年8月28日。当时，有一位名叫K. 吉塞尔（Konrad Kyeser von Eichst）的诗人写了一首关于贞操带的诗，并画了一张画做解释："这是一条佛罗伦萨男人们掌握的沉重铁带，锁闭起来就是这个样子。"在他写的其他段落里，还记述了生产贞操带的地点，主要是意大利罗马、威尼斯、米兰、贝加莫（见藏

※ 古希腊火神与锻造之神赫菲斯托斯

于德国 Gotting 图书馆的《Bellifortis》一书）。显然，那个时候，贞操带已经不是一种新鲜事物了。

15—18 世纪贞操带在欧洲上层社会流行起来，而且也越做越精致，以配合上流社会妇女的身份。

最早使用贞操带的是意大利帕多瓦的暴君弗朗西斯科·卡拉拉二世（14 世纪末在位）。他到处抢掠和强奸妇女，却给他后宫中所有的妻妾都锁上了贞操带。现在威尼斯博物馆藏有的一条贞操带，即属于他的王后。巴黎克鲁尼博物馆还收藏了法国国王亨利二世（1547—1559）为他的王后卡特琳娜、路易十三（1610—1643）为他的王后安妮定做的两条贞操带。

德国埃尔巴赫堡一伯爵家收藏的贞操带，前面护盾上部雕刻着一裸妇，一只狐狸举着尾巴正从她腹下钻过去，这个妇人用左手抓住狐狸尾巴，图下配有这样一句诗：“抓住了，小狐狸！我抓住了你。你总是从这里走过去！”贞操带下面所开缝隙的左边刻有一执钺的卫兵把守，右边是些卷花图案。而后面护盾的上端刻的却是一个女子坐在一个男子的膝上窃窃私语，图下面同样配有一行小诗：“唉，让我告

※ 带锁的铁内裤——贞操带

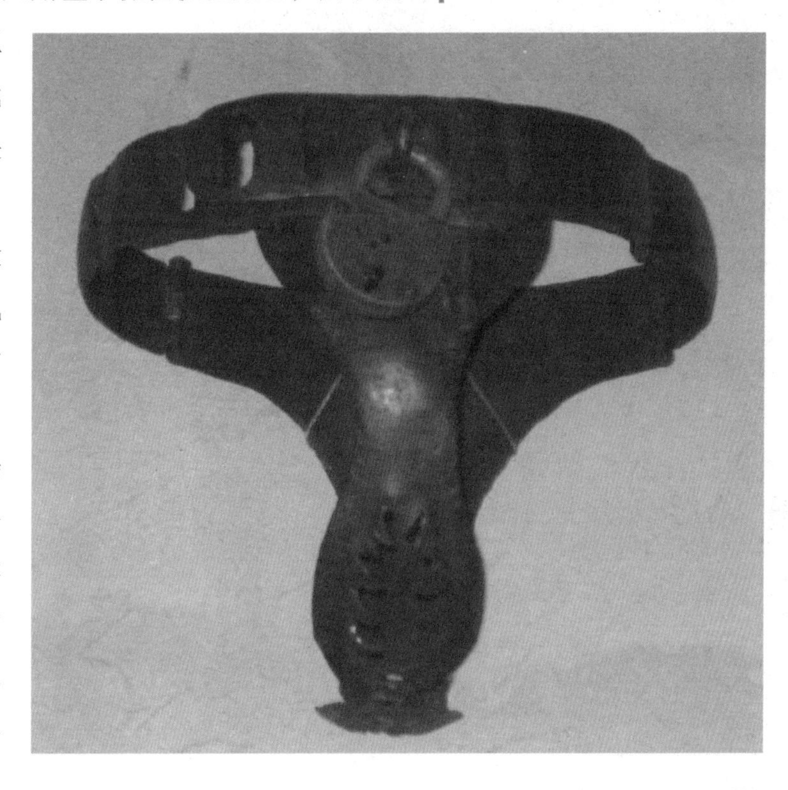

诉你吧，女人们总是吃那带子的苦。”

不管贞操带工艺上如何精致，它终究是男权社会对女人一种变相的性虐待。不过，男人们也大多看轻了女人们的智商，实际上，要想打开贞操带还是很容易办到的，毕竟那时锁的质量并不高，设计也比现在简单很多，因此，如果女人想为丈夫戴绿帽子的话，随便找个锁匠就可以实现。

德国文艺复兴时期的著名画家丢勒就用画笔绘声绘色地描绘了这一幕：一个人傲然宣称他有贞操带的钥匙，旁边一位穿着贞操带的美丽贵妇人立马高兴地拿出大把的钱购买钥匙，而这些钱是从她丈夫钱袋里掏出来的。

※ 画家丢勒有关贞操带的漫画

由此可见，贞操带只是男女在贞操问题上的较量，男性显然没有占到上风。女人在贞操带问题上巧妙迂回，两性双方博弈的结果是贞操带在后来越来越变成了夫妻双方一种增加情趣的性虐工具。并且，到后来，男性居然也穿上了贞操带，这可能与后来女性意识的增强和女权运动的发展有关系。

中国古代的连裆裤与守宫砂

欧洲男人们用贞操带防止自己妻子的不忠，中国历史上没有欧洲那种贞操带的记载，只有晚清时期出现过青铜的贞操带，不知道是不是与中西性文化交流有关？不管怎么，贞操带在中国只是个案。在中国与西方的贞操带相媲美的只有两样东西，一是穷绔（同“裤”字），一是守宫。这可是作家周作人考证的结果，他认为，这两样东西都是防备女性性事，保持贞操的东西。

那么，这两样东西到底是什么玩意呢？穷绔就是连裆裤，守宫就是我们大家熟知的点在少女胳膊上的守宫砂。

※ 马王堆汉墓出土的汉代深衣

守宫砂太神秘了，我们下面会细讲，可是连裆裤就奇怪了，难道以前的人穿的是开裆裤不成？不错，就是这样的。

在西汉昭帝以前的相当长的历史时期内，中国古人，不论男女，他们的服饰只有上衣下裳，不穿裤子，都光着两条腿，而且也没有我们现在所说的内裤，而裙子状的裳就成了名副其实的遮羞布。后来为了御寒，古人才在裳里边穿上了一种系在腿上御寒的胫衣，也叫作绔。绔就是只有裤筒（只及膝盖与脚后跟处），没有裆的裤子，套在腿上，上面用绳带系在腿上，有点类似于我们今天的护膝之类。而且，这种“开裆裤”也只有上层社会才能穿，平民百姓是不穿裤子的，裳下面就两条光溜溜的大腿。这就是为什么那时候

※ 福州南宋的黄昇墓出土的烟色牡丹花罗开裆裤

的古人都跪坐在地的缘故，如果像我们现代人这么坐，就很容易露出私处了，显然是非常不礼貌的。

言归正传，由于那时候民风朴实，人们也没觉得这样穿着有什么不妥。可是，这样子，男女之间都露着私处，发生性关系显然就容易多了。历史进入汉代，随着儒学逐步占领意识形态领域，有人终于意识到这样衣着的危险了。汉昭帝（汉武帝的幼子）在位时，权倾朝野的辅政大臣霍光为了让皇帝只宠幸自己的外孙女上官氏，以便生下龙子，于是有人便巴结奉承，借鉴赵武灵王学习胡服骑射时制作的连裆裤，给汉昭帝的妃子和宫女们都穿上了“穷绔”，这种连裆裤可比我们现在的裤子复杂，裤腰那里系了很多的带子，这样，汉昭帝就不方便跟其他后宫女子发生关系了。

显然，连裆裤是皇帝的生育工具之间进行竞争的意外收获，它的发明原本就带有对女性的性压迫。不过，这种“穷绔”在防止性关系的发生方面还真比不上欧洲的贞操带。然而，这种连裆裤的发明也未尝不是一件进步，毕竟，它更好地起到了保护人体私处的作用，后来，它便逐渐普及开了，甚至男人们也穿上了连裆裤。中国古人的服装也因此发生了重大的改变。这种裤子也就完全摆脱了性压迫的意味。

守宫砂的故事就不是喜剧性的了，其中饱含性压迫色彩。这与中国男人的贞操观和处女情结有直接的关系。每个男人都希望自己娶到的妻子白璧无瑕，为了验证妻子是否是处女，古代男人都会在新婚之夜夫妇欢好的床上铺上一块白布，如果事后白布上出现红色血迹，就证明妻子是处女。现代某些处女情结严重的男子也会这样做。除此以外，古人还发明了一种名为守宫砂的玩意，这样，无论是谁，都可以一目了然判断她是不是处女，有没有与他人发生关系了。

守宫砂就是点在女子胳膊上的一点朱红色的印记。之所以叫守宫砂就是这种印记是用一种名为守宫的动物制作的。守宫，就是我们俗称的壁虎或者蜥蜴。古人用朱砂喂养守宫，当守宫被喂养得通身赤红后，就把它杀死，并捣烂成泥，这种朱红色的膏泥就是守宫砂。据说，把守宫砂点到女子的手臂上，如果没有性交，守宫砂会永不褪色，保留终生。用守宫砂来验证女子是否是处女最早起于汉代，据说是东方朔教给汉武帝检验女子是否贞洁的一种验方。随着程朱理学的发展，守宫砂在宋代兴起并得到推广。

※ 中国古代男人具有浓厚的处女情节

守宫砂如此神秘，为后世文人提供了无限想象的空间。在许多文学作品与野史传闻中，守宫砂作为检验是否是处女的唯一标准而被广泛信奉，围绕着守宫砂也出现了无数的传奇故事、无数的闹剧与惨剧。在金庸武侠作品《神雕侠侣》中，小龙女被尹志平诱奸后，守宫砂神秘消失；而大魔头李莫愁在临死之前，

※ 传说中制作守宫砂的原料——守宫

守宫砂还鲜红欲滴。《倚天屠龙记》中，纪晓芙为杨逍所诱失身，守宫砂消失，这才给灭绝师太发觉……

那么，守宫砂真的会随着性关系的发生而消失吗？用守宫砂来验证处女有科学依据吗？有人对此深信不疑，认为将朱砂加守宫制成的守宫砂点在手臂，其实是用了经络的原理。说守宫和朱砂都是寒性的东西，将守宫砂点在某条经脉上，一旦男女交合，就会动真气，寒热中和的结果就会使寒性的标记守宫砂褪色，直至消失。可是，这毕竟只是传说，并没有科学依据。事实上，中国也只有极个别的古代医书中提到了守宫砂，但只是总结民间的制作方法，并附上民间的传言；并没有一位医家对其科学性进行过任何论证。也就是说，大家都是道听途说，穿凿附会，以讹传讹。不管真实与否，一些朝代便把选进宫的女子点上守宫砂（守宫砂是中国古代用来检验女子是否有性行为的一种标志），作为判断她们有没有犯淫戒的标志。而一些大户人家的小姐自幼也被点上守宫砂，以便嫁人时以此向婆家证明自己的清白。在唐代著名诗人李贺的诗中，居然也提到要

※ 通身赤红的守宫

于洞房花烛夜来看看“守宫砂”。由此可见，守宫砂的现象在当时社会至少不是新鲜事物了。尤其是南宋以后，“程朱理学”对于人们思想的禁锢达到了空前绝后的地步，对女人的约束也达到了摧残人性的高度。那时候，有女人落水，男人都不能去救，否则救人时沾到女人身体，女人照样是“失节”，即使不被逼死，也得自杀殉节。在这种情况下，人们也就不管守宫砂到底有没有根据就把它推广应用并奉为经典验贞妙方了。

用守宫砂验贞显然是古代对妇女压迫的一种手段，也是最荒诞最严厉的措施。无数清白女子冤死在这种自欺欺人的“妙方”下。死后还被人冠以淫娃荡妇的恶名，灵魂都无法得到安宁。

※ 洞房花烛夜验守宫在古代曾经一度风行

河南开封有座守宫庙，屹立千年，就向后人默默讲述着这样一个因守宫砂引发的惨案：

宋太祖赵匡胤在位期间，东京汴梁城发生了一件惨案。在京城任职的四川万县大豪富林宓动用私刑，逼死了自己的小妾何芳子。开封府对此展开了调查，却从林宓口中得到了一个荒谬的解释，说何芳子不守妇道，自己离家进京赴任才半年就与人通奸，守宫砂的消失就是证明。

原来，林宓在离家前给他的一妻五妾每人胳膊上都点上了从江湖术士手上购买的守宫砂，他的其他妻妾一个个都小心翼翼地保护着手臂上的守宫砂，不敢洗涤不敢擦碰。而最小的小妾何芳子却漫不经

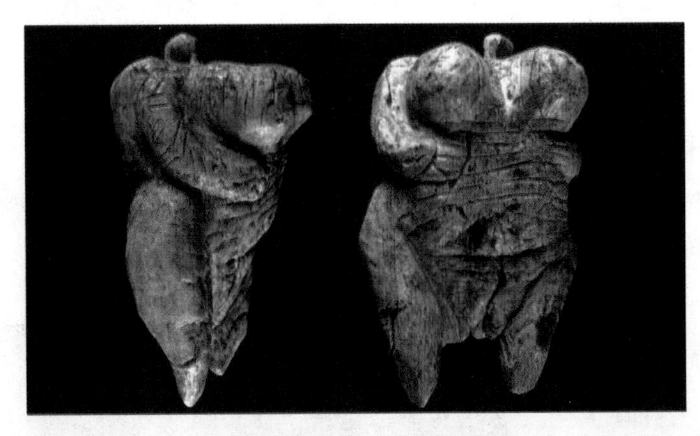

※　史前丰乳肥臀的女性躯干雕塑作品

心，洗洗漱漱中，守宫砂竟然消失了。林宓显然不相信小妾的解释，于是对何芳子严刑拷打。何芳子不堪折磨，留下一封血泪交织的遗书，上吊自杀了。

既然命案因守宫砂而起，审判官就当场进行了试验，用林宓所剩下的朱砂，点在三名妇人臂上，然后把一条活壁虎放在其中一人的手臂上，瞬间就把那些守宫砂舔得干干净净。原本民间传言守宫丹砂只对处女管用，点在处女的手臂上，如果数日不洗便可深入皮下，任何擦拭或洗涤都不会抹去，而且愈见鲜艳，但一经房事颜色就会自行褪去，但对于已婚女性来说守宫砂就不起作用了。试验还了何芳子清白，林宓因滥用私刑，逼死侍妾而被免去官职，并加重罚。可怜何芳子，原本是后蜀政权兰台令史之女，父亲被宋军杀死，自己堂堂小姐沦为当地土财主小妾，却又饱受他的妻妾刁难，最后不明不白被诬陷失贞含冤而死，做了一个流落异乡的孤魂野鬼。时人同情何芳子的遭遇，便为她建了一座“贞女庙”，也叫它“守宫庙”。

■那些大大小小的乳房

乳房作为女性标志性的特征，从古至今一直起着两种重要的作用：一是哺育后代，二是刺激男人的性欲。也就是说，女性的乳房具有激发母爱和性

爱的双重作用。可是，就是这种女性与生俱来的身体器官却受到了男权社会的审美情趣的影响，丧失了它母性的一面。现在，随便打开一个网站，十有八九会出现女性撩人的露乳装束；打开电视，到处是不厌其烦的丰胸广告。可是，有谁知道，就是现在大家极力追捧这种丰胸潮流，在历史上却曾经被视为下贱的标志。

让我们把目光投向古代的欧洲。曾几何时，随着父权制社会的出现，象征生育、丰收、繁荣与生命力的大乳房崇拜没落了，女性乳房的哺育功能开始让位于它的性愉悦功能。那时候欧洲的贵族们像着了魔般迷恋上了处女那种坚挺而小巧的乳房，并把这种小巧的乳房奉为“上流乳房”，于是，欧洲古代的贵族妇女为了保持乳房的外形，在生育后都不亲自哺育自己的孩子，而把哺育孩子的工作交给了奶妈。这种状况一直持续到 18、19 世纪。文艺复兴前后的绘画作品中，都可以看到这种独特的小乳房崇拜。

17 世纪中期，随着资产阶级革命在荷兰的胜利，贵族逐渐没落，人类历史上再一次流行起大乳房。一个世纪后，随着资产阶级启蒙运动在欧洲大陆如火如荼地展开，过去由他人喂养子女的行为被视为不平等现象，与其他的贵族特权一起备受攻击。在这种情况下，被贵族们崇拜的小乳房开始让位于具有平民色彩的大乳房。大乳房也再一次回归它原始的美。

可是，好景不长，随着胸罩的出现，女性开始告别过去的紧身连体胸衣，解放了自己的乳房。这时，服装制造商为了推销胸罩，开始宣扬大乳房性感的价值观，乳房的原始美再一次让位于男权社会的审

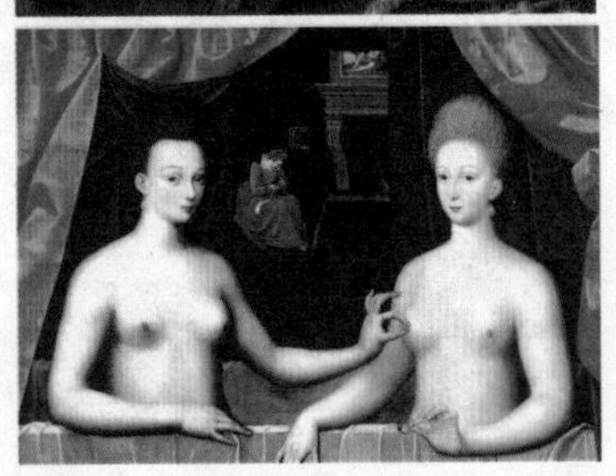

※ 欧洲油画作品中处处可以看到当时所谓的“上流乳房”

美观。在这种潮流中，美国的大乳房崇拜起到了决定性的作用。大乳房崇拜是为男性服务的，是对女性新的不平等。这一时期，尽管争取男女平等的女权运动猛烈抨击这种现象，但因为迎合了男人们的审美情趣，少数女权运动的政治主张，被淹没在大多数人的大乳房经济中，大乳房取得了赚钱的优势。在这种潮流影响下，女人们不得不迎合社会的审美趋势，想方设法丰胸、隆胸。结果却付出了惨重的代价。很多女性的乳腺组织被破坏，乳房变美的同时，乳癌也如影随形，很多乳癌患者不得不忍痛割掉乳房。

■畸形的审美——束腰与裹脚

在男权社会，一切价值取向都以男性为出发点，男性认为美的东西就会成为女性追捧的对象。欧洲历史上的束腰与中国历史上的裹脚就是男权社会畸形审美的产物。

在以古代欧洲为时代背景的影片中，我们经常会看到女人们穿着紧身的线条逼露的上衣，细细的腰肢下面拖着一个蓬蓬松松、肥肥大大的撑裙，优雅地穿梭于各种社交场所。其实，这身行头并不优雅，至少非常地不舒服，用刑具来形容一点也不过分。这实际上是“楚王好细腰，宫人多饿死”的欧洲版。那时候欧洲刮起了一股细腰风，为了迎合这种时尚潮流，过去不加束缚的衬裙被紧密严实的“束衣”取代。

女性自我折磨的这段历史开始于17世纪，当时以衬裙作为内衣（Undercover 或 Underwear）被认为太放荡，于是，一整套针对女性身体的塑身设备被发明了出来，以取代过去松松垮垮的裙式内衣。这些内衣包括紧身胸衣（Corset）、乳罩（Bracup）、掐腰（Waistnipper）、连胸紧身衣（All-in-one）、背心式衬裙（Camisole）、短腰（Short）等许多种类。

最早的束身胸衣是用鲸须为骨架制成一种无袖胸衣，这种胸衣呈倒三角形，上面配有可调节松紧度的带子。穿上这种胸衣，女性的上身会被紧紧包裹起来，并且腰肢也可以被勒到一个理想的程度。腰肢以下配以被鲸骨、藤条或金属丝制成的圆环撑起的吊钟状裙裾，裙裾外面再罩上长及地面的华丽面料，女性腰肢就在这种外力的束缚和下身大摆裙的衬托下变得分外纤细。

※　卢梭把亲自哺乳看成是社会革新的契机，从而使得乳房的大小具有了政治色彩

后来，为了让自己的腰肢更细，更吸引男人，女人们开始了一场轰轰烈烈的瘦腰军备竞赛。为了与当时法国王妃凯瑟琳·德·美第奇传闻中40厘米的蜂腰竞赛，女人们放弃了具有弹性功能的鲸须胸衣，穿上了铁制的胸衣。这种胸衣由前后左右4块铁片组成，片与片之间用合页连接，原来调节松紧宽窄的带子被铰链或插销取代。穿上这种胸衣，女人们就好像被装在铁皮套子里边的囚犯一样，不光行动受限，而

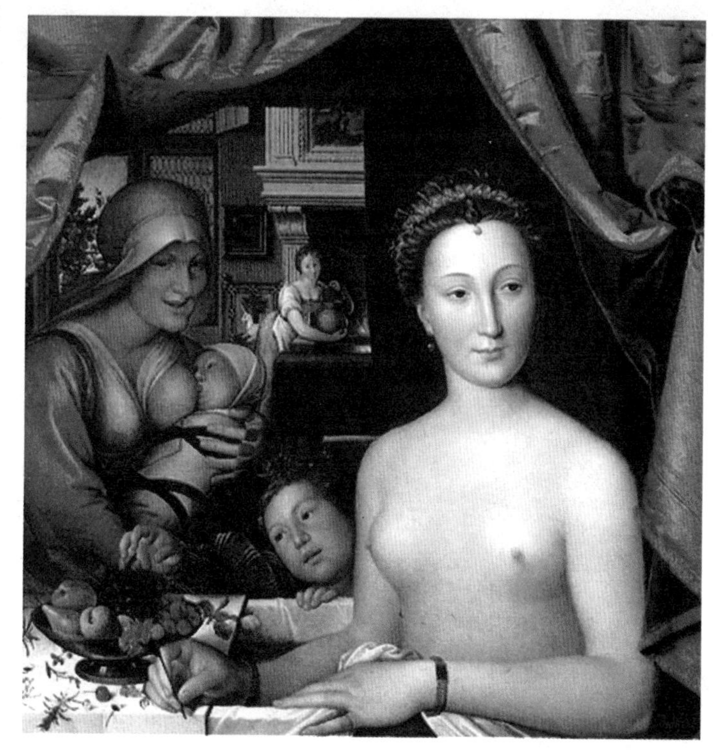

※ 17世纪欧洲束身妇女

且铁片长期挤压身体，结果是造成了许多女性的背脊损伤、肋骨变形。

18世纪，又出现了一种隐藏式的夹板束胸，虽然比之前流行过的铁制胸衣舒服不少，但这种胸衣依然没有逃出畸形审美的怪圈。穿着这种胸衣，可以更凸显女人高耸的胸部、纤细的腰部，加上撑环撑起的夸张的臀部，以及使小腿看上去更加丰满的假腿肚，确实让女人们在社交场合更吸引男人们的眼球，但也让女人们动不动就出现晕厥症状，以至于女人们参加社交活动时都随身带上医治晕厥的嗅盐。女人们时不时的晕厥就如同中国古代美女西施因心绞痛而做捧心状一样，总能激起男人们的爱怜之心，因此，为了博男人关注，女人们也只能拼着自己的肺部不通畅、子宫下垂和肠胃不适的危险，拼命用胸衣勒紧自己，塑造出完美的小蛮腰。

对细腰的追求在19世纪走向了极端。那个时候，光一个贵族女子在穿着上所花费的时间就是我们现在任何一个人都望尘莫及的。为了穿上烘托女性身段美的束身胸衣和撑裙，女人们往往需要两个以上的助手来帮忙。他们需要助手帮忙从后面一节一节地系紧束腰的带子，然后帮忙穿上内衣、贴身长内裤、法兰绒衬裙，之后是内衬裙，然后就是膨胀如车轮的克里诺林（Crinoline）裙撑，外面加上上了浆的白衬裙，再上面是两层纱布的衬裙，最后，才是由轻薄面料做成的裙子。这种衣服不仅费时费力费人手，还需要足够大的穿衣空间。否则，穿衣过程中很可能会将周围的小东西收拢进衣裙中。

尽管紧身胸衣损害了女人的许多脏器，也让许多女人肋骨骨折、流产、内脏移位，但那个时代的女人却在美字面前无所畏惧，成日里把自己的上半身包裹在这种可怕的“刑具”中，让自己变成举止优雅的奴隶。

在欧洲流行细腰的同时，中国古代也出现一种截然不同的畸形审美潮流。欧洲女人用紧身胸衣制造小蛮腰的同时，中国古代女子却用丈二的布匹裹出了一双“三寸金莲”。

※　18 世纪的纤腰女子

中国古代裹脚之风始于五代，因南唐后主李煜的一个后妃裹足于金莲上凭空跳舞，显得婀娜多姿，轻柔曼妙，于是被他人效仿。宋代后，女子裹脚已经由宫廷推广到民间，到宋朝末年，社会上开始兴起了一种以大脚为耻的风气；此风发展到明代，达到了极致，女子无不以小脚取悦男人。清朝初年一度禁止裹足，但汉文化的同化能力实在超强，于是禁令没有实施多久就被取消了，以至于不仅汉人女子裹脚，满人妇女也受到了此风的影响而裹足了。这种情况一直延续到民国初年，随着中国封建王朝

※ 电影《乱世佳人》中被束身衣勒得腰肢纤细的斯嘉丽

的倒台，中国妇女终于解放了自己的双脚。

“小脚一双，眼泪一缸。”女子缠足蒙受的痛苦我们现代人是难以想象的。中国人的裹脚不同于欧洲人的束腰，讲究童子功。据记载，女孩长到四五岁，她的父母就开始给她裹脚了。在古人思想中，女孩子要是裹脚晚了，就裹不出三寸金莲的绝佳效果了，在以小脚为美的时代，女人如果拥有一双裹脚失败的双脚，是很难找到好的婆家的。因此，为了女儿的终身幸福，做父母的不得不打掉牙齿往嘴里咽，狠着心肠给幼女裹脚。裹脚时，除大拇指以外的其他四个脚趾头都要被压在脚底下，用白棉布裹紧，等脚型固定后，就要穿上特制的“尖头鞋”，白天由家人扶着练习走路，晚上再用线把裹脚布密密麻麻地缝紧，日复一日地加紧束缚，使脚变形。那种刺骨的疼痛，令人心碎。到了七八岁时，再次把已经压在脚下的四个指头连同脚掌一起拉向脚心，用裹脚布捆牢密缝，最后只靠大姆指行走。由于裹脚

嗅盐

嗅盐，又叫“鹿角酒”，是一种由碳酸铵和香料配置而成的药品，给人闻后有恢复或刺激作用，特别用来减轻昏迷或头痛。

在英国的维多利亚时代，嗅盐是上流社会“淑女”们的必备之物。它被广泛用于唤醒昏倒的妇女，以至于警察也经常随身携带嗅盐以备不时之需。因为在当时上流社会，人们认为女性应该是孱弱小巧的，当看到一些不合时宜的事情就应该昏厥过去，那才是上等女人，所以身边应备有嗅盐，以便可以马上“苏醒”。在第二次世界大战期间，嗅盐也被广泛使用，英国红十字会将其作为急救箱的首要物品。

到了今天，嗅盐仍在某些体育运动场合被使用，比如拳击、举重等。当运动员陷入意识迷糊状态时，医生会用嗅盐把运动员唤醒，以继续比赛。

布不通风，因此脚底生烂疮的事情是经常发生的，因此父母只能用咸菜叶将发烂的双脚包裹住，防止脚底烂掉。到后来，脚骨完全被拗折弯曲，足弓高高隆起，一直到脚被缠到“小”“瘦”“尖”“弯”“香”“软”“正”，才算大功告成。

※ 19 世纪风行一时的克里诺林裙撑

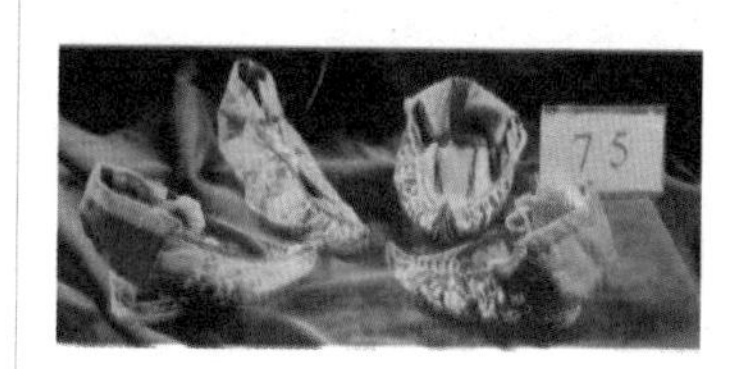

※ 清代三寸金莲鞋

裹脚给女性造成了极大的生理和心理伤害。首先，女性脚部关节在裹脚过程中不是被折断，就是变形，可以用惨无人道来形容。因为脚底有很多穴位，人为摧残的结果是，女性终生背负上了诸多慢性生理疾病。其次，在裹出一双讨男人喜欢的小脚的同时，女性也被强行灌输了男尊女卑、女人天职就为了服从和取悦男人的男权意识。这种意识让女人在潜意识中彻头彻尾地沦为男人的奴隶。

这种人为制造出来的小脚说到底丑陋无比，可是为什么却让男人着迷，以至于摧残中国妇女近千年呢？这与古代男人阴暗的心理和变态的性审美情

古代裹脚女人的洗脚过程

通常妇女每天都得洗脚，一般人洗脚是一件很简单的事，但是对缠足妇女来说洗脚却是生活中一件颇重要而费时的事。缠足妇女一双脚裹好以后，最怕让人看到脚，所以洗脚的时候，一般都躲在房间里，紧闭房门，生恐别人意外闯入。烧一盆热水，准备好洗脚用品，然后坐在小凳子上把脚上的腿带、饰裤、弓鞋、布袜，一层一层地解掉。解开裹脚布的时候，血液随着裹布解开会冲进脚掌，麻痛异常，尤其到了最后一层往往因为汗水和着，裹脚布紧黏在脚掌的皮肤上，撕开来异常难受。往往一次脚洗下来得花上一两个小时的时间。

趣有很大关系。

民间流传下来的《女儿经》上说："为什事，裹了足？不是好看如弓曲，恐她轻走出房门，千缠万裹来拘束！"说到底，男人把女人视为自己的私人财产，只能供他个人享用。但是女人是活物，因此为了增加保险系数，除了用三从四德等封建礼教约束之外，再把女人的脚搞变形，这样的小脚走路极其不方便，也就最大程度上把女人困在了家里，避免了与其他男子认识和交往的机会。

除了用裹足来限制女性的行动外，小脚还能激发古代男人的情欲。中国古人讲究意境美，女人三寸金莲在裙下若隐若现，走起路来娉娉婷婷、如弱柳扶风，会使男人浮想联翩，产生情欲。另外，古人认为，女子小脚足不盈握，惹人怜爱，可以"昼间欣赏，夜间把玩"。可以说，三寸金莲裹成后，女子的小脚便成为一种性感带。清末的大学者辜鸿铭认为，裹脚能使血液上流，使臀部变得丰腴性感。这与欧洲女子穿高跟鞋有异曲同工之妙。

当女人的小脚变成男人的玩物，被赋予性感特征后，三寸金莲就变成了一个女人最隐私的部位，是绝不可以让陌生男子看见的，更别说碰了。而为了不让自己丑陋的双脚被人看到，女子即使在房事时也穿着尖头小睡鞋。而裹

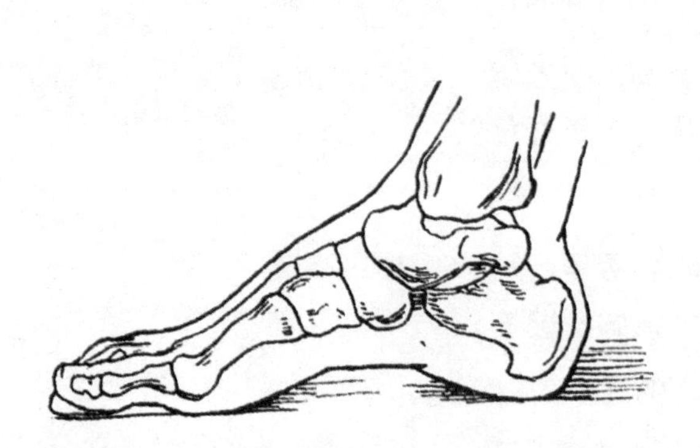

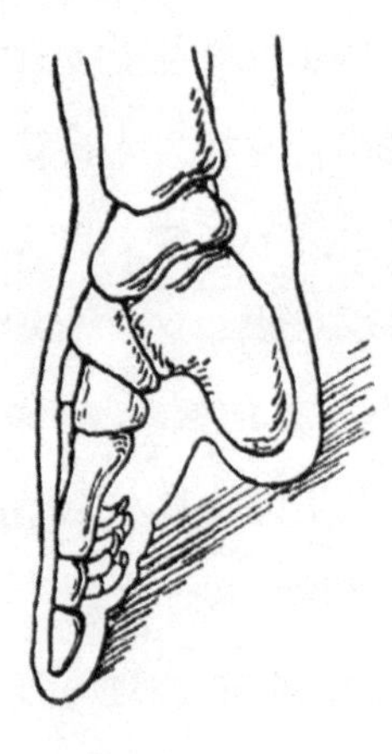

※ 正常脚骨与三寸金莲畸形的脚骨

脚女人洗脚也成为一件非常私密的事，洗脚时，她们往往都会紧闭房门，唯恐别人意外闯入。

综上所述，欧洲女人的束腰和中国女人的裹脚在本质上没有任何区别，它们都以“性”为起点，以“美”作掩护，以男女之间的互相征服为副产品，以“性”为其最终归宿。当然，在身体的部位选择上，东、西方各自走了不同的发展道路而已。事实上，女人改变形体以求“美”在世界许多民族历史上都发生过。譬如，非洲有些民族崇尚大嘴美女，因此那里的女人就会设法把嘴唇拉长以求美；有些民族以长颈为美，于是女人们会用一圈一圈的铜环套在头颈间，把脖子拉长；有的民族以无牙为美，因此女人们会锉去牙齿……

※ 清朝年间大富豪康百万庄园中三寸金莲的女人像

乌托邦式的理想

WUTUOBANGSHI DE LIXIANG

“有些人会这样梦想，在将来的某一天，在所有的行业男女数量达到平等，包括那些科学研究。但是我认为，这是一个“乌托邦”式的梦想；就像是所有的门都敞开了，而一切区别都成为历史，性别之间的不同也不存在了。这个梦想一直以来受到政治理想的支撑，但这种理想却忽视了生命和发展的事实，因为人类的思想喜欢埋葬实践正如它建立信仰一样。在这里，我要像很多前人一样争辩，男人和女人生来就不同。即使我们科学家否认，并且在同一个测试中从男人和女人之中挑选工作中“最佳”的代表。但是当这些试验更倾向于男人的某些性格特征，如自信和野心时，我们就选择了更多的男人而放弃了女人。如果我们能够给两性双方的温和、应变和创造性更多的机会和力量，那么科学界就能够得到更好的发展。”

这段话是英国生物学家彼得·劳伦斯2006年年初所撰写的《科学界男女与幽灵》一文中的一段原话。此时已经距离女权运动的发起有200多年了，在代表科学与真理的科学界，居然还存在这种鼓吹男女不平等的现象，难道，争取性别平等真的是一种乌托邦式的理想吗？

■情天孽海中的红男绿女

在婚恋方面，女性似乎比历史上任何时期都有了更加自由的择偶权，不必再像过去那样按父母之命、媒妁之言来安排自己未来的命运了。但是，女性对男性的依附性并没有消除，这就决定了女性还是要在一定程度上自觉不自觉地按男性社会主流的思维方式和价值观行事。为悦己者容，为悦己者改变自己的事情比比皆是。而那些比较有个性，言行举止与众不同的女性会被人当作异类，受大家排挤，被大多数男性讨厌。她们的感情生活要么一片空白，要么异常坎坷，难觅知音。

※ 迷失在情天孽海中的红男绿女

在择偶方面，有的女性变得越来越现实。她们希望找一个事业有成，有房有车的成功男士，以便自己可以少奋斗很多年。在这种情况下，相貌不是问题，年龄也不是问题，重要的是能给她们安全感。这就是现在大学恋爱难成正果，有些女孩愿意傍大款的原因。一条千古不变、东西通用的定律是男性喜欢年轻漂亮性感的女性，女孩子们不愿意为了所谓的爱情与男友共同打拼，其原因就是看穿了男人的本性，认为男人只可共患难，难以同富贵，与其为了遥不可及的未来打拼，把自己熬成黄脸婆，还不如以年

※ 现在男女关系变得越来越现实

轻做资本，一步到位。在这种价值观影响下，女人们就把时间更多地花在了为悦己者容或钓金龟婿方面。为了让自己更吸引男人，她们大把地花钱，买高档化妆品和高档服装，甚者不惜在自己身上动刀子，美容、丰胸、瘦身，许多女性争先恐后地沦为物质和男性的双重奴隶。

当然，这种现象并不代表全部，绝大多数女性还是更愿意依靠自己的聪明才智为自己谋求出路的，她们相信缘分，重视心灵的感受。不过，这个社会总有这样一种奇怪的现象，太能干、太独立、学识学历高的女人没男人爱。这实际上还是男尊女卑的思想在作怪，有的男人绝不允许女人比自己强，尤其在一个家庭中，那样男人会很没面子，颜面扫地。在这些男人潜意识之中始终认为，女性天生就是弱势群体，属于被保护的对象，如果女人强了，家庭就会不稳定、不幸福。不管是普通男人，还是成功男士，能摆脱这种观念的少之又少。而无数女强人不幸的婚姻也进一步印证了这种观点。这种女欲嫁而男不娶的尴尬局面使得许多女人只能在茫茫人海中苦苦寻觅，在寂寞守候中红颜尽逝。现在剩女越来越多，就是男女在择偶标准上的差异造成的。俗话说“男人三十一朵花，女人三十豆腐渣”，男人经过若干年的奋斗，三十多岁时许多人已经是事业小有成就。找个比自己小十岁八岁的完全没问题，即使过了不惑之年，甚至有儿有女，只要有一份好的事业，有房有车，也不愁找不到年轻漂亮的。女人就不一样了，一过三十，同等学历范围内适合自己的男人就被别人挑走了，只剩下一些歪瓜裂枣，或心理不正常的男人了，而那些单身的钻石王老五对这些奔三女人是不屑一顾的，他们的目标是寻找更年轻漂亮的女人。在这种铁的事实面前，女人要么遵行男性社会的游戏规则，想办法把自己尽快嫁出去，要么就是一个人享受孤独与寂寞。因此，现在许多女孩子在步入大学后就忙不迭地谈恋爱，生怕找晚了自己就嫁不出去，沦为剩女。有一首歌曲形象生动地反映了现代女性这种无奈的情感挣扎：

“……

十个男人

七个傻

八个呆

九个坏

还有一个人人爱

姐妹们跳出来

就算甜言蜜语

把他骗过来

好好爱

不再让他离开

……"

女性在争取自身权利的同时，总是逃脱不了宿命的安排，挣脱不了对男性的取悦。择偶方面如此，在家庭中同样如此。男主外女主内的格局并没有大的改观，男人依然是一个家庭的顶梁柱，他们的收入大多超过女性，因此，女人应该为了家庭为了丈

※ 红颜易老，许多女性终究逃脱不了宿命的安排，挣脱不了对男性的取悦

夫为了子女牺牲自己成全丈夫的事业。如果女人也想着拼事业的话，家里势必清锅冷灶，缺乏了家庭的温馨感。没有一个男人愿意牺牲自己的事业做居家男人来成就自己的妻子，但他们又需要妻子来为他们营造家的感觉，可口的饭菜、听话懂事的孩子、温柔善解人意的妻子是男人理想的家庭格局。女人要是打破这种格局，男人们就会不舒服，由此产生诸多的家庭纷争，其他女人就可能乘虚而入。因此，女人们的聪明才智就这样在漫长的婚姻生活中，在柴米油盐中，在关心男人的胃和孩子的抚育和教育中一点点被磨尽了。运气好的女人能找一个责任心强，关心自己，携手一生的丈夫；运气差的自己的付出不仅得不到相应的回报，还会遭遇家庭暴力，或者在人老珠黄时被有钱的丈夫蹬掉。

■职场中的有色眼镜

女人不仅在婚恋家庭中比男性矮一头，在社会上谋生也受到更多的性别歧视。

从女性走出家庭，获得工作机会开始，社会一直以来就戴着有色眼镜看待女性。人们设置了许多职业壁垒，圈出了许多所谓男性的职业，拒绝女性的加入。如果说重体力活拒绝女性还充满了人性的关怀，体现了人们怜香惜玉的思想。可是一些智力性的工作也给女性设置高门槛就具有明显的性别歧视色彩了。尤其是男女条件相同时，如果女性不是比竞争的男性更出色，一般公司都倾向于让男人来做，女性只有被淘汰。

※ 女性在职场中同样面临性别歧视

因此，女人们的就业机会明显就要少于男性。而且，即使找到一份不错的工作，为了更好地发展，她们还必须付出比男人更多，这样她们就必须在男人占主体的职场中像个女强人，披荆斩棘，令男人心服口服。即使这样，她们的收入也是普遍低于男性，付出与收入不成正比。

下面，就让我们从这段网上流传的老板对男女下属的评判来看看工作中无形的性别歧视吧：

看到男下属的桌上摆放着全家福的照片，老板心想：他一定是个顾家、负责的好男人。

看到女下属的桌上摆放着全家福的照片，老板心想：事业对她来说不会是最重要的，看来不用寄望她会全心全意为公司打拼了。

看到男下属杂乱的桌面，老板心想：他真的是很努力，很用功；看，连收拾桌面的时间都没有。

看到女下属杂乱的桌面，老板心想：原来她这么乱，组织能力一定不行。

看到男下属在跟同事说话，老板心想：他一定是在讨论最近的project，真是积极。

看到女下属在跟同事说话，老板心想：哼，又在说人是非道长短。女人就是长舌，唉，天性，天性。

看到男下属在跟资深同事说话，老板心想：愿意主动请教前辈，孺子可教。

看到女下属在跟资深同事说话，老板心想：她会不会在抱怨，说我的坏话？

看到男下属在加班，老板心想：现在已经很难请到这么勤劳的员工了。

看到女下属在加班，老板心想：女人就是能力有限，这么点小事也要花这么长的时间来做。

看到男下属很快地受到经理的赏识而升级，老板心想：这个人一定潜力十足。

看到女下属很快地受到经理的赏识而升级，老板心想：这个人一定是跟经理有一腿。

看到男下属在跟董事吃饭，老板心想：看样子他很有魄力哦，前途无量。

看到女下属在跟董事吃饭，老板心想：看样子她很有魅力哦，上床是迟早的事。

看到男下属不在他的位子，老板心想：他一定是去见客户了。

看到女下属不在她的位子，老板心想：她一定是去购物了。

看到男下属被经理批评，老板心想：他一定会痛改前非，求取进步。

看到女下属被经理批评，老板心想：她一定不能接受，应该很快会收到她的辞职信。

看到男下属受到不公平对待，老板心想：他一定会生气，他会据理力争吗？

看到女下属受到不公平对待，老板心想：她一定会哭，她会什么时候辞职呢？

看到男下属拿假，老板心想：好像很久没看他拿假，也应该去轻松一下了。

看到女下属拿假，老板心想：好像整天看她拿假，是不是去应征别的工作？

看到男下属在用电话，老板心想：他很积极地为公司招生意，很好，很好。

看到女下属在用电话，老板心想：又在跟男朋友聊天……还是……在跟其他男人打情骂俏？

看到男下属派发结婚请帖，老板心想：他从此就会更有责任感。给他个大红包当作是花红鼓励一下吧。

看到女下属派发结婚请帖，老板心想：她不久就怀孕，就会经常MC去检查身体，很快就要拿两个月产假，最后就会辞职在家看孩子。哗，损失惨重，那红包就不用包太大了。

看到男下属有了孩子，老板心想：负担加重，应该加他的薪水了。

看到女下属有了孩子，老板心想：她一定会用到公司的各种生育待遇，公司的负担就要加重了。

看到男下属提早下班，老板心想：跟客户应酬，真是疲于奔命，该提醒他别忽略了家庭。

看到女下属提早下班，老板心想：又是赶着去带孩子，女人永远是孩子老公排第一。

看到男下属出国公干，老板心想：这是对他很好的训练。

看到女下属出国公干，老板心想：他老公会放心吗？

看到男下属找到更好的工作而离去，老板心想：懂得把握良机，果然是人才，可惜公司留不住他。

看到女下属找到更好的工作而离去，老板心想：女人就是靠不住。

墨尔本大学研究生院管理系曾经对女性经理人在工作中遭遇的尴尬进行过研究，研究显示，女性经理人在公司里树立权威时遇到了很大的困难。一方面，如果女经理过分自信，男同事的典型反应是她是个坏事的人；但如果她很听话，她又会被认为是个传声筒，人们会看不起她，把她当摆设。总之，女性的意见在多数情况下是不受重视的。这有两个深层的原因：一是男性还是从骨子里轻视女性智商，认为她们头发长见识短；二是男人们对经济独立，敢于跟他们说不，并对他们指手画脚的女人本能地反感，他们感觉自己的尊严受到了挑战，因此对于女性的意见，男人们根本就不愿意听。不仅职场如此，政坛也是一样。

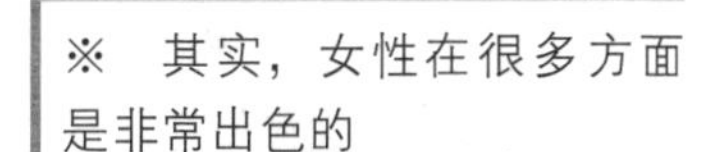
※ 其实，女性在很多方面是非常出色的

时至今日，女性争取男女平等、参政议政、同工同酬的权利也只是体现在法律条文上，在实际生活中，男性主宰一切的惯性思维还在无时无刻

发挥着它强大的影响力，强化男女性别差异，认为生理差异决定一切，由生理差异而彻底否认女性的各种工作能力，完全否定了社会环境，尤其是数千年男权社会意识形态领域对女性社会形象塑造所起的作用。从前面章节可以看出，所谓性别差异很多都不是那么绝对的，不同家庭教育、社会环境影响既可以造就符合男人审美口味的淑女，也可以造就出类拔萃，不让须眉的女性；同样，不同家庭和社会环境既可以造就男性精英、骨干栋梁，也可以造就出庸碌鼠辈、大奸大恶之辈。不能以性别定高下。

■婆媳战争、家庭暴力与弃婴现象背后

最近几年，电视荧屏和图书市场中有关婆媳关系的作品突然之间都活了起来，出现了一大批比较有影响力的作品。这表明，婆媳关系已经成为一种普遍存在的社会问题。

婆媳关系表面上是两个女人之间的关系，实际上却是两个女人围绕一个男人发生的关系。在过去的数千年中，中国社会用三从四德、温良谦恭等观念和七出之条为女人们塑造出一套做女人、做妻子的标准行为准则。做妻子的不仅要顺从丈夫，还必须对公婆低眉顺手，恭恭敬敬，公婆对错不容评说。一代又一代的女人就是这么多年媳妇熬成婆过来的，因此男女两性在家庭中的不对等首先就表现在婆媳之间两个女人地位上的不平等。

新中国成立后，我国妇女地位得到了大幅度的提高，在社会上有了民主选举权利，也有了工作就业的权利；在家庭中既有了财产继承权，也有了自主婚姻的权利。但是，千年来形成的传统观念不是说断绝就可以马上断绝的。人们还是把嫁出去的女儿看作泼出去的水，认为女儿是外姓人，顺从丈夫、孝敬公婆是做妻子的最基本要求。新中国成立后出生的一大批女性在为人妻子方面也都是按照传统，按照这套约定成俗的规则来尽其本分的。当她们有一天也熬成婆时，对自己未来的媳妇也普遍充满了这种期望，可是，20 世纪 70 年代末 80 年代初出生的女性，她们的女性意识已经大大增强，经济方面也更加独立，因此她们在家庭中更希望与男性比肩，与男性权利对等，这时，一个是试图用传统思想武装起来的女人，一个是新时代的女性；一个是母亲，一个是妻子；当在处理家庭问题时，两个女人都希望按自己的想法办事。做婆婆的觉得自己养育儿子

※　三代同堂，子孝妻贤是中国传统男人理想的生活方式

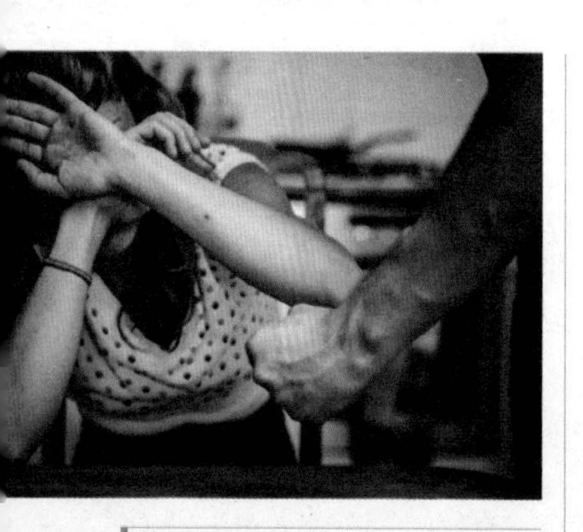

※ 大多数家庭暴力中，女性总是受害者

不容易，养儿就是防老，媳妇顺从公婆是天经地义；做妻子的觉得长幼没有尊卑之分，做老人不尽是对的，做晚辈的也不全是错的，家是自己和丈夫两个人的家，做老人的无权指手画脚……正是这种观念上的冲突，导致婆媳关系紧张，婆媳战争频繁发生。因此，这两个女人的战争表面上看是争夺家庭权利的斗争，实际上是男权与女权意识在家庭中的较量。在这场波及范围广泛的家庭战争中，家庭暴力和弃婴现象成为副产品。

提起家庭暴力，人们总是习惯性地联想到遍体鳞伤的女子和她们痛苦无望的眼神。确实，女性作为家庭暴力中最大的牺牲者是一个不争的事实。家庭暴力是两性不平等现象在家庭中的一种极致体现，施暴者绝大多数为男性。

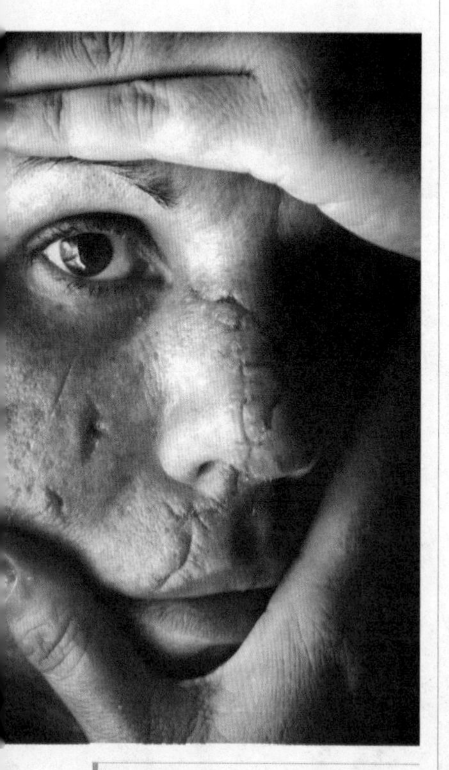

※ 家庭暴力中被毁容的女性

数千年来，家庭暴力一直被冠以家务事的名义堂而皇之地进行着，男性主子随意玩弄女性家仆，打骂，甚者对妻妾动用私刑，以至于打死人的现象遍地都是。可是，在大讲男女平等的现代社会，这种针对女性的家庭暴力事件还是异常普遍。丈夫打骂妻子的现象在农村尤为普遍，对妻子进行性暴力和变态施虐的行为时常见诸报端，此外，还有些男性对另一半实施经济控制，以维护自己当家人的地位。

据调查，在刚刚过去的 20 世纪，全世界曾受到过丈夫或男友虐待的妇女就有 25%~50%，而在一些更为保守的国家，这个比例居然能高达 75%。在美国，1/4 的家庭存在家庭暴力，已婚妇女中有 80% 遭丈夫施暴，平均每 7.4 秒就有一个女人遭到丈夫的殴打。而在我国，每年约 40 万个解体的家庭中，1/4 是缘于家庭暴力。全国妇联刚刚结束的一项调查显示，我国有近四成的夫妻在发生冲突时会使用“武力”，其发生频率一般为“几个月一次”。

当然，家庭暴力的施暴者也有不少女性，但就整体而言，毕竟是少数。在众多男性施暴者中，知识分子也占有较大比例。

1999 年 12 月 17 日，当联合国大会通过决议，把每年的 11 月 25 日定为“消除对妇女的暴力国际日”时，谁能想到，十年之后，这种针对妇女的暴力在家庭中依然这么严重呢。

说到底，所有的一切都因男尊女卑的余孽作怪而起，它防不胜防，无处不在，藏在绝大多数人的心中，扭曲着一代又一代人的心灵。上至衣冠楚楚的政客或企业家，下至乡野农夫，还有高居科学真理殿堂的大科学家，无论男女，都有可能自觉不自觉地扮

※ 印度社会也是一个重男轻女的社会

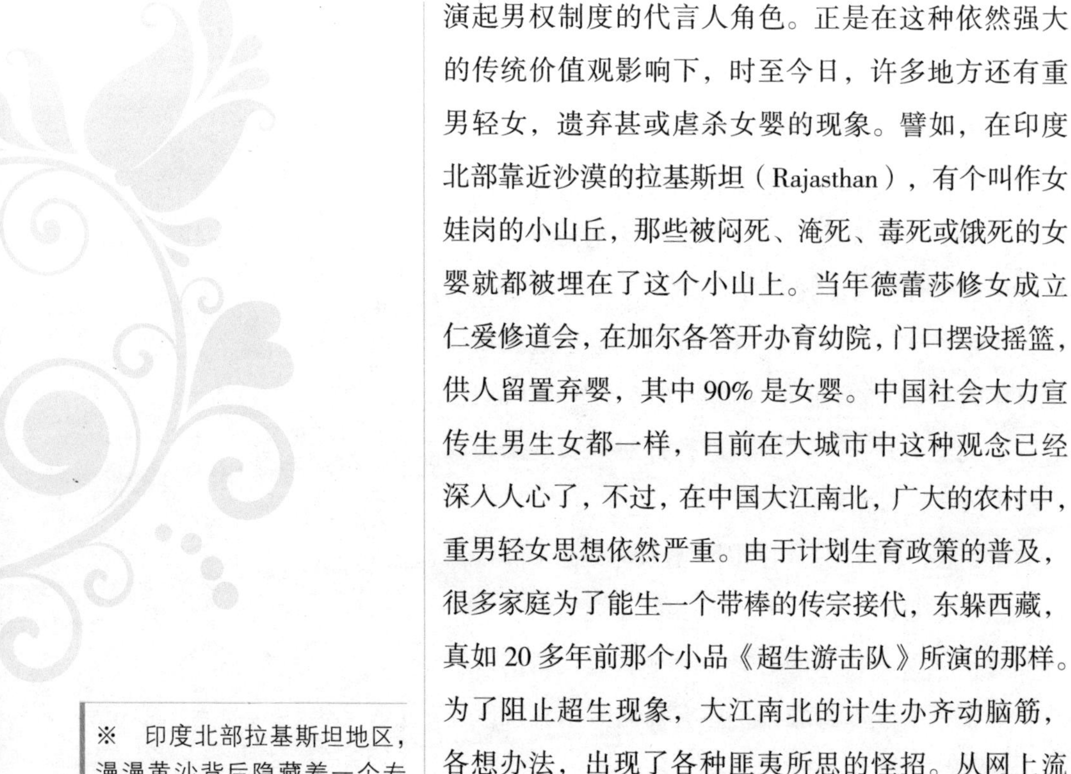

演起男权制度的代言人角色。正是在这种依然强大的传统价值观影响下，时至今日，许多地方还有重男轻女，遗弃甚或虐杀女婴的现象。譬如，在印度北部靠近沙漠的拉基斯坦（Rajasthan），有个叫作女娃岗的小山丘，那些被闷死、淹死、毒死或饿死的女婴就都被埋在了这个小山上。当年德蕾莎修女成立仁爱修道会，在加尔各答开办育幼院，门口摆设摇篮，供人留置弃婴，其中90%是女婴。中国社会大力宣传生男生女都一样，目前在大城市中这种观念已经深入人心了，不过，在中国大江南北，广大的农村中，重男轻女思想依然严重。由于计划生育政策的普及，很多家庭为了能生一个带棒的传宗接代，东躲西藏，真如20多年前那个小品《超生游击队》所演的那样。为了阻止超生现象，大江南北的计生办齐动脑筋，各想办法，出现了各种匪夷所思的怪招。从网上流传甚广的一个全国各地计划生育宣传口号大集合中

※ 印度北部拉基斯坦地区，漫漫黄沙背后隐藏着一个专门埋葬女婴的小山丘

我们可以看出计生办在对抗中国传统思想方面有多少无奈。

与超生现象伴生的是堕胎和弃婴现象。由于现代医学技术的发展，人们已经可以很容易鉴定胎儿性别，于是，很多盼子心切的家庭便或花钱，或动用各种关系，给尚未出生的胎儿鉴定性别，如果是男孩皆大欢喜，可如果是女孩，好多人就会选择堕胎。而那些存在严重性别偏见的家庭，有幸生下来的女婴很多也面临被遗弃或扼杀的危险。

超生和反复堕胎的结果是许多妇女的身心备受摧残，不仅因生不出儿子在夫家受歧视或虐待，而且在反复怀孕流产中患上多种妇科疾病，伴随终生。这种现象也导致了男女性别比例失调，引发了更多的社会问题。

据印度官方最近公布的人口普查数据显示，印度全国人口男女性别比例为 1 000：933。相当于每出生 107~108 个男孩，才有 100 个女孩；在名流荟萃和富人云集的新德里南部地区，男婴和女婴的出生比竟为 1 000 ：762，是全印度男女比例差别最大的地方。

中国是全世界出生人口性别比最高、持续时间最长的国家。据全国第五次人口普查资料显示，目前全国男女出生性别比为 116.9 ：100，有 5 个省的出生人口性别比甚至高达 130 ：100。海南省出生婴儿男女性别比为 135.64 ：100，居全国最高水平。目前全国处于婚期的男性已经比女性多出了 1 800 万人，照这种状况发展下去，预计到 2020 年，20~45 岁的男性将比女性多出 3 000 万人。这就意味着有数千万

男女出生的性别比正常值应该是多少？

正常的性别比，应是每出生 100 名女婴，相对的男婴应该在 102 至 107 之间。由于 Y 精子又比 X 精子稍小，其速度大于 X 精子，所以受精卵的 XY 与 XX 比例为最初是 120 ：100，不过，XY 受精卵的成活率较XX的低，所以出生比例有所改变，出现（102~107）：100 的出生性别比状况。不过，男孩的夭折率又高于女孩，所以成年后就可以达到 1 ：1。这是大自然的自然选择的结果。可是，由于人为的干预，现在，世界很多国家都存在不同程度的男女出生性别比例失调的状况。

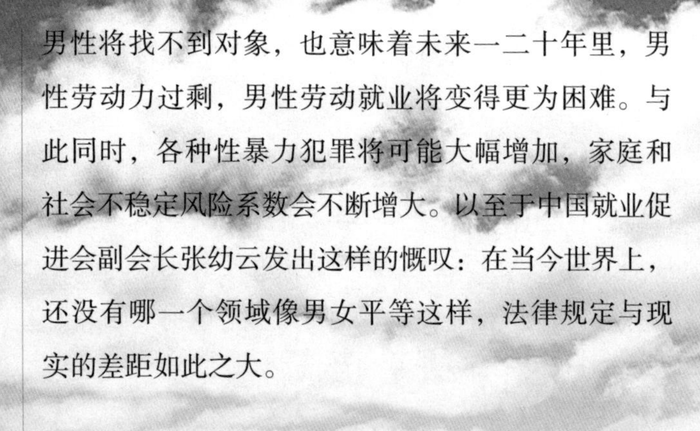

男性将找不到对象，也意味着未来一二十年里，男性劳动力过剩，男性劳动就业将变得更为困难。与此同时，各种性暴力犯罪将可能大幅增加，家庭和社会不稳定风险系数会不断增大。以至于中国就业促进会副会长张幼云发出这样的慨叹：在当今世界上，还没有哪一个领域像男女平等这样，法律规定与现实的差距如此之大。

■乌托邦之路——性别气质嬗变的背后

男女平等的思想一旦在一代人心中播下，就有生根发芽的一天。与过去相比，男性似乎比过去更懂得尊重女性了，女性也比过去更懂得争取和维护自己的权利了。譬如，英国前首相布莱尔的夫人切丽·布思以英国王室律师身份出现在第22届世界法律大会上时，就把一个家庭中丈夫说妻子丑也定义为一种家庭暴力，一种情感上的施暴。

不过，物极必反，由于迫切地要争取与男性绝对的对等，许多女性放弃了女性一贯的温柔与宽容的品质，放弃了女人一贯的浪漫与幻想，变得与男人一样野心勃勃，活跃在社会各个领域，为的就是证明自己不输于男人。这样的人我们一般被冠之以“女强人”“铁娘子”的称号。在倡导“不爱红装爱武装”的时代，这类女性可是人人追捧的、人皆模仿的。但是，传统的力量是如此强大，当人们从那段历史中走出来时，女性马上实现了回归，可是，仍然有许许多多女性在社会上扮演着此类与男人争短长的角色，由于她们已经不属于社会意识形态领域垂青的对象，因此，如前所述，这类女性的事业发展遇到的阻力是超乎想象的，她们的情感和婚姻生活大多也是不幸的。

还有一类女性，完全颠覆了人们对于女性在形象、气质上的传统期望，演绎出许许多多现实版的“野蛮女友”。这些现实版的野蛮女性究竟能否像影视作品中的女主角那样扬眉吐气、幸福快乐，我们不得而知，但至少可以肯定的是，一种中性化的趋势真的到来了。80后，尤其是90后出生的女孩子，女性以往的乖巧、柔顺、文雅气质逐渐被男性化的率直、敢言、霸气所取代，很多女性不再像以往那样青睐女性化的着装，开始学男性着装，肥大的T恤，垮垮的牛仔裤，厚实的运动鞋，配上烫染过的短发，不仔细看，活脱脱一个帅气的男性。在女孩子开始走帅气路线，学着扮酷的同时，男孩子中却出现了一种阴柔的流行趋势。伴随着中性化的超女走红，另一类花样美男，快乐男声也大行其道。过去那种威武高大、粗糙、男人味十足的男性气质彻底被颠覆，媒体不遗余力地宣传的是那种一身阴柔气息、长相俊美细致的男性，他们打着耳钉，一头漂染过的凌乱的碎发，露出光滑细腻白嫩的胸膛，摆出一种所谓“酷”的造型。

可以说，片面地强调男女平等，只会让女人放弃自己的性别，努力做一个男人；而男人们也因竞争和压力的增大而选择模仿被保护者的女性气质。这不禁令人质疑，我们追求的男女平等，难道就是单纯的抛弃自己先天的性别，从一种性别倒向另一种性别吗？毕竟，性别分男女，这是自然选择的结果。男人为阳，女人为阴，阴阳相容，彼此平等共生才是大道，很难

※　“不爱红装爱武装”时代的女性形象

※ 韩国电影《我的野蛮女友》为女性带来野蛮潮

想象，如果地球上只有一种花草、一种树木、一种飞禽、一种走兽、一种性别的人类会是怎样的情形。男女平等不是简单的气质模仿或扮相模仿，而是男女作为人的尊严和价值的平等，是权利、机会和责任方面的平等，不存在工种问题，不存在职业门槛，不存在谁依附谁的问题。在这种框架下，无论是做贤妻良母还是事业型女性只是不同家庭双方自愿选择的结果，不存在孰好孰坏的价值评判；而男人褪去攻击性行为、更具爱心，享受非竞争性的生活也成为一种个人的行为，成为一个家庭成员相互间自由选择的结果，不受人诟病。也许，这就是我们最终要达到的目的。

显然，我们离目标还很远。因为，人们永远无法就什么是平等达成一致，但是现实生活中不平等的问题却屡见不鲜，以至于人们对什么是不平等始终达不成一致意见。世界妇女大会从 1975 年开始已经开了四届，性别不平等问题依然无法解决。

※ 颇具阴柔气质的花样美男

有调查显示，77.3% 的人认为，在男女平等问题上，最亟待改善的是女性获取工作及升职加薪时遇到的歧视。53.4% 的人认为，亟待改善的问题之一在于女性的参政议政。43.1% 的人认为，亟待改善的问题之一在于女性的教育机会。因为在很多地方尤其是贫困地区，往往第一个失学的是女童。37.1% 的人认为，亟待改善的问题之一在于女性的家庭分工和家庭地位。36.8% 的人认为，亟待改善的问题之一在于女性的平等出生权。

※ 男女唯有彼此尊重，承认每个人存在的价值，才能在这条通往乌托邦的理想之路上走得更远

可以说，不同的人站在不同的立场、不同的视角观察性别问题，提出轻重缓急各不相同的性别不平等状况。

对男女两性而言，不管我们愿不愿意，这个世界都在缓慢地改变着。尽管我们根深蒂固的传统观念比现实更难以改变，尽管我们渴望男女平等的愿望可能依然如飞花如朝露，但我们不能再以性别作为借口，以男女有别、男尊女卑的观念来看待一切，并以此来影响下一代了。唯有大家都彼此尊重，承认每个人存在的价值，我们才能在这条通往乌托邦的理想之路上走得更远，才能无限接近我们人类的共同理想。

PART 5

第5章

隐匿的群体——第三种性别

当我们习惯了一分为二、人分男女的二元世界，并无休止地纠缠于男女之间的恩恩怨怨时，你可知道，在我们习以为常的二元世界之外，有这样一些隐匿的群体，他们与众不同，谜一般地生活在这个社会的边缘地带……

性别迷离的“阴阳人”

XINGBIE MILI DE YINYANGREN

※ 每当有一个新生婴儿呱呱坠地时，父母们最想从接生医生口中听到的第一句话就是“他是个男孩”或“她是个女孩”

我们都知道，从生物学的角度，人类和大多数高等生物一样，都分为男女两种性别。可是，性别并不总是像我们想象的那样泾渭分明。在茫茫人海中，还隐匿着第三种性别。他们从外表上看跟我们正常人没什么两样，但他们生理结构或心理方面却有异于常人。下面，就让我们一起走近第三种性别人群，看看他们究竟有哪些不为人知的秘密。

每当有一个新生婴儿呱呱坠地时，父母们最想从接生医生口中听到的第一句话就是“他是个男孩”或“她是个女孩”。因为，每个人只有两种性别，从法律上讲，成年人的身份证上也只能有一种性别：非男性即女性。但是在现实中确实有这么一些人，他们的性别特征处在我们所定义的两性之外，他们一般被人们称为“阴阳人”（Intersexuality）。

“阴阳人”说到底就是那种雌雄同体的人，不过千万别以为他们就像《白发魔女传》中那个雌雄同体的魔教教主姬无双，实际上，“阴阳人”是一个人身上同时具备了男性和女性的生理特征，亦男亦女。这实际上是一种性发育畸形，医学上称之为两性畸形，当一个人的外生殖器官（男性指阴茎和阴囊，女性指阴道、阴唇等）、性腺（男性为睾丸，女性为卵巢）及副性征（男性主要为喉结和体毛，女性主要为乳房）互相矛盾时，这个人就是性发育畸形。

珍是一名女运动员，身高1.9米；与此同时，她有着另一个与众不同之处：从遗传学角度上判断，珍是一名男性。

在整个成长期间，珍一直表现得与其他女孩没有什么区别，她精力充沛、非常活跃、有不少女性朋友、有很多的洋娃娃，并没有发现自己的身体有什么奇特的地方。然而，好景不长，在进入大学学习解剖学之后，珍才意识到自己的身体有什么不对劲的地方：因为她到19岁还没有来月经。珍感到异常的苦恼，带着难以解释的问题去医院看了妇科大夫，希望从那里得到答案、解开疑团。令她震惊的是：医生递给她的结果报告上简单却又刺眼地写着“XY”——这便是他们给予珍的解释：她的染色体构成本应是男性的染色体构成。可是，珍为什么没有发展成一个男性，而向女性的方向发展呢？她的基因到底出了什么问题呢？她将如何面对这一苦恼与尴尬，以及与她未婚夫将来的生活呢？这是否应该成为一个不能说的秘密呢？

※ 中国红山文化出土的“阴阳人”玉雕

这就要回到染色体层面上，要知道，我们人类共有23对46条染色体，其中22对44条染色体被称为常染色体，主要用来调控身体外在特征的发育，而

与性别发育相关的被称为性染色体，通常用“X”和“Y”来表达。男性携带两条异型的性染色体XY，女性携带两条同型的性染色体XX。当精卵结合时，男女的生殖细胞（精子与卵子）会发生减数分裂，精子会携带一条X或者Y染色体与卵子的X染色体结合。如果与卵子结合的精子携带的是X型染色体，那么结合后生成的胚胎会发育成女性（XX）；如果与卵子结合的精子携带的是Y型染色体，那么结合后生成的胚胎会发育成男性（XY）。

尽管胚胎一形成，其性别实际上就决定了，但是最初你是无法区分是男孩还是女孩的。因为胎儿首先会发育出不分性别的生殖器官，既可以变成阴茎也可以变为阴蒂；而婴儿体内的性腺还是原始的性腺，既能发育成卵巢也能变成睾丸。这一复杂的过程完全由体内基因和荷尔蒙的变化来控制。时间的选择尤为关键，因为男女两性都会产生雄性和雌性荷尔

※　着色后的人类染色体

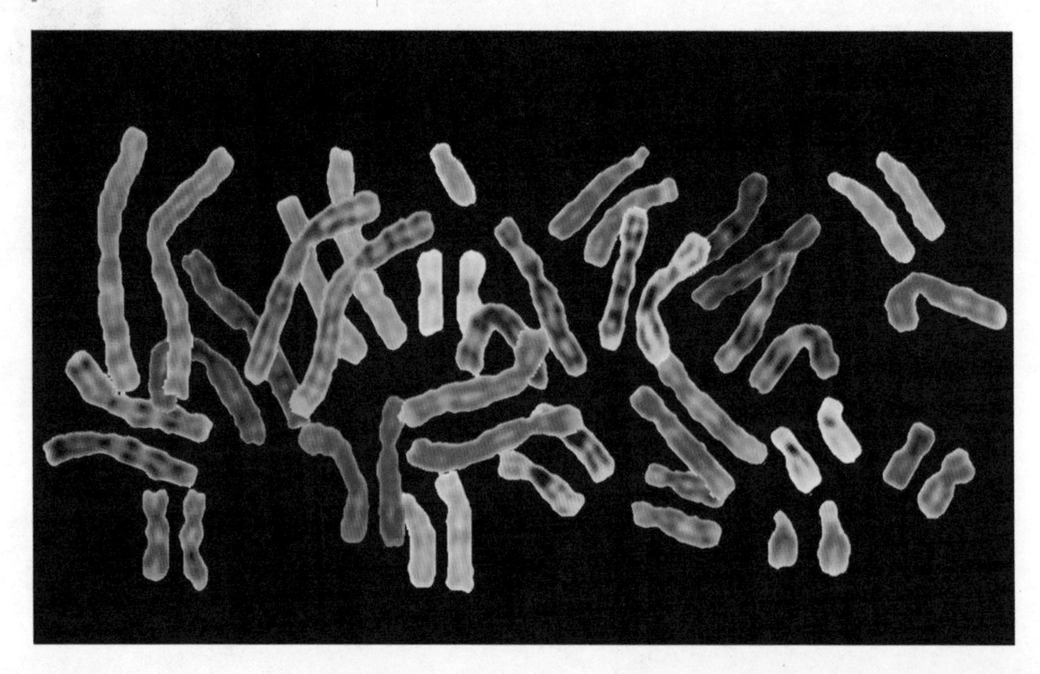

蒙。造一个人需要3万个基因，决定一个人是否为男性却只有一个基因——在Y染色体上的性别决定基因——SRY。SRY在胚胎的性分化过程中刺激原始性腺向睾丸方向发育，然后这个最初的睾丸就开始分泌雄激素，主要是睾丸素，刺激男性胚胎整个向男性化的方向发展：他的生殖器就要长成男性的阴茎，他的附性腺就要长成附睾、前列腺、精囊等。如果没有SRY这个基因刺激的话，原始性腺就会自然而然地向卵巢方向发育，然后卵巢分泌雌激素，刺激女性胚胎开始发育女性的性征，使女性的外生殖器、子宫、阴道、输卵管等发育起来。正是睾丸产生的睾丸素和卵巢产生的雌激素造就了我们看到的男女两性之间的差别。

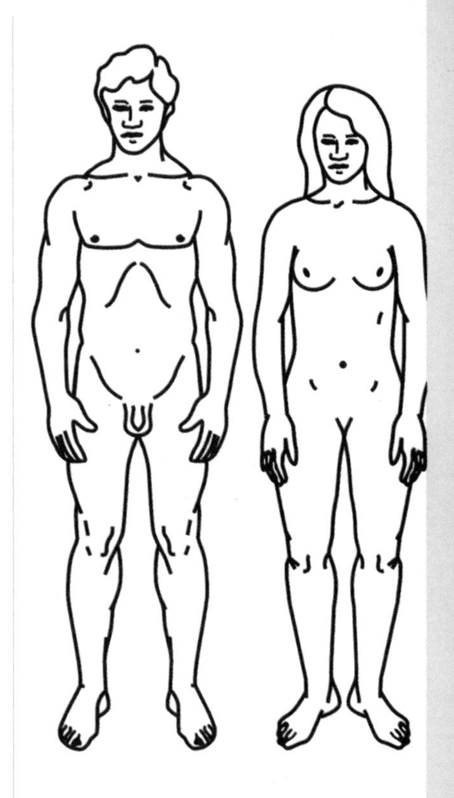

※ 正是睾丸产生的睾丸素和卵巢产生的雌激素造就了我们看到的男女两性之间的差别

然而，珍的性染色体虽然是XY，也就是她虽然具有性别决定基因SRY，能够制造睾丸素，但她的身体却无法对它做出反应！这又是怎么一回事呢？原来，她患有一种名叫“雄性激素不敏感综合征”的病。虽然有睾丸素，但如果胚胎不能对它做出反应，使睾丸素不能发挥作用，他就会被默认为女孩。珍之所以会成为一个女人的原因就在于此。但她又不是一个真正的女人，男性化的染色体决定了他是遗传学上的男性，因此她没有发育出女性的子宫和卵巢，当然也就没有月经、无法生孩子。

这个结论给珍带来了极大的痛苦和伤害，她甚至难以面对她当时的男友彼特。她告诉过他，自己没有经期，不能生孩子，但她从未向彼特讲明具体细节，因为那对她来说实在太难启齿了。珍觉得唯一会听她倾诉并理解她的人便是解剖学教授克里斯·布

罗奇特。

布罗奇特教授希望珍能把这件事情抛到脑后，不要把这事儿看成一个埋在心底的不可告人的秘密，要承认自己是完全正常的女性，过上正常的生活。教授告诉珍："首先我希望你知道你是个正常的小姑娘，你不是小伙子。你绝对是个姑娘，一个非常女性化的姑娘。这不应改变你的生活。由于你不能对睾丸素作出反应，所以，实际上你比真正的，比一个能对睾丸素作出反应的'XX'女性更加女性化。"教授还说，在这种情况下发育成正常女性的人，通常比一般女性更有吸引力，她们身材高挑，而且还非常的娇媚。

上面珍所遭遇的问题出在Y染色体没能"尽职尽责"上，像他这种拥有正常男性染色体组成（XY），但男性特征不明显，而外形上又像女性一样长着丰满的乳房和女性外生殖器（阴道）的人实际上是男

※　雄兔脚扑朔，雌兔眼迷离，双兔傍地走，安能辨我是雌雄？

性假“阴阳人”。除此之外，还有一种女性假“阴阳人”，她们具有正常的女性染色体组成（XX），但是却长着男性的外生殖器，女性特征不明显。这两类人之所以被人们称为假“阴阳人”，就是因为尽管他们身体同时具有男女两性的特征，但他们体内的染色体没有发生变异，具有遗传学上确定的一种性别，并且只有一种性腺，只不过这种性腺发育不好，以至于这个人的性别特征朝着相反的方向发育而已。

※　两性畸形图示

真正的“阴阳人”，体内同时具有 XY 和 XX 两组染色体，同时具有男女两性两套性腺，即既有睾丸又有卵巢，而且，这两套性腺还能分别分泌雄性激素和雌雄激素，不过，经常以其中一种激素占优势。至于外生殖器，可能表现为男性，也可能表现为女性；而副性征的发育则根据占优势地位的激素而定，表现出一定的性别倾向来。尽管如此，真“阴阳人”往往会表现出明显的男女两种特征，譬如同时拥有丰满的乳房，可以勃起的阴茎，以及女性化的阴唇和类似阴道口的尿道。

过去，人们道听途说，认为一个“阴阳人”既有男性性器官又有女性性器官是一件多么幸福的事，既可以神不知鬼不觉混入女人堆，又可以在适当时候变回男人。譬如，古书中提到，晋惠帝时京城洛阳有一个“阴阳人”，就能男女两用，并且“性尤淫”。而且还说当时吴中常熟县有一官太太，半月作男，半月作女。事实上，“阴阳人”并没有人们传的那么幸福。毕竟，他们不同于正常人，先天的畸形使他们成为社会排斥的对象，过去人们甚至把他们当作妖孽。有些“阴阳人”有幸被官宦人家宠幸，但也只是被作为玩物，心理上的痛苦是常人无法体会的。另外，需要更正的是，这些“阴阳人”并不像人们传的那样在房事上亦男亦女，毕竟他们不管是作为男性还是作为女性的性器官都发育不良，所谓的阴茎也只能勃起而已，但不能像正常男性那样射精，只能偶尔出现遗精而

※ “阴阳人”雕塑

已。而且精液中没有精子。此外，他们还不长胡须。如果外形特征表现为女性的话，其外生殖器也发育不良，阴道浅而小，子宫也很小，不具备生育能力。因此，用不男不女来形容他们真的一点也不为过。可以说，他们是一分为二的两性世界中无处安放的一类人。

不管是真“阴阳人”还是假“阴阳人”，他们都是性染色体异常造成的。前面案例中提到的珍，她的性染色体组成非常正常，只不过 Y 染色体没有起到应有的作用。而那些具有两套染色体的真“阴阳人”，他们之所以会表现出上面提到的特征，更多是因为他们体内多了些染色体，一般是多了条 X 染色体，染色体核型表现为（47, XXY）。由于真“阴阳人”体内多了 Y 染色体，因此他们更多时候表现为男相，医学上还把那种具有（47, XXY）型染色体，外貌是男性，身长较一般男性为高，但睾丸发育不全，没有精子的人所患的症状命名为 Klinefelter 综合征。

※ 阴阳人可以说是一分为二的两性世界中无处安放的一类人

蹼颈

先天性颈蹼又称蹼颈，是出生后即见于颈侧，从耳后乳突部至肩峰间由皮肤和皮下组织所构成的蹼状皱襞。颈蹼属于少见的先天畸形，以女性较多，通常皆为两侧对称，偶见单侧。除蹼外，往往颈后发际线位置低下，并向前方伸展。由于颈蹼和发际线的异常，致颈部呈现短粗的现象。先天性颈蹼可能是由于生殖腺发育不全所致的 Turner 综合征，故应进行全面系统的检查。

除此以外，还有染色体的核型为（48, XXXY）、（49, XXXXY）、（48, XXYY）的“阴阳人”，X 染色体越多，他们的男性化特征更加不明显。

性染色体异常除了导致“阴阳人”外，也可以出现这样两种极端的个案人群。

一种是女性体内只有一条 X 染色体，染色体核型表现为（45, XO）型，也就是说，他们比正常女性人少了一条染色体，医学上称为杜纳（Turner）综合征。她们外表长得像女性，但却比正常女性矮，女性的第二性征如乳房发育不良，卵巢完全缺失，或仅存少量结缔组织。她们没有月经，也没有生育能力。婴儿时期颈部皮肤松弛，长大后颈部常发育成医学上所谓的蹼颈（Webbed neck），肘外翻。她们往往有先天性心脏病，智力普遍低下。

※ 历史上的阴阳人

另一种是女性，她们比正常女性多了一条 X 染色体，染色体是（47, XYX）型的，医学上称之为“X3 综合征”，或“超雌综合征”。她们性发育跟常人没有什么明显差别，一般很难看出来。这种人多数存在智力发育障碍和人格障碍，容易出现行为放荡、暴力、凶杀等极端行为或一些精神疾病。

还有一种人，他们拥有（47, XYY）型染色体，也就是比一般人多一条 Y 染色体。他们有生育能力，

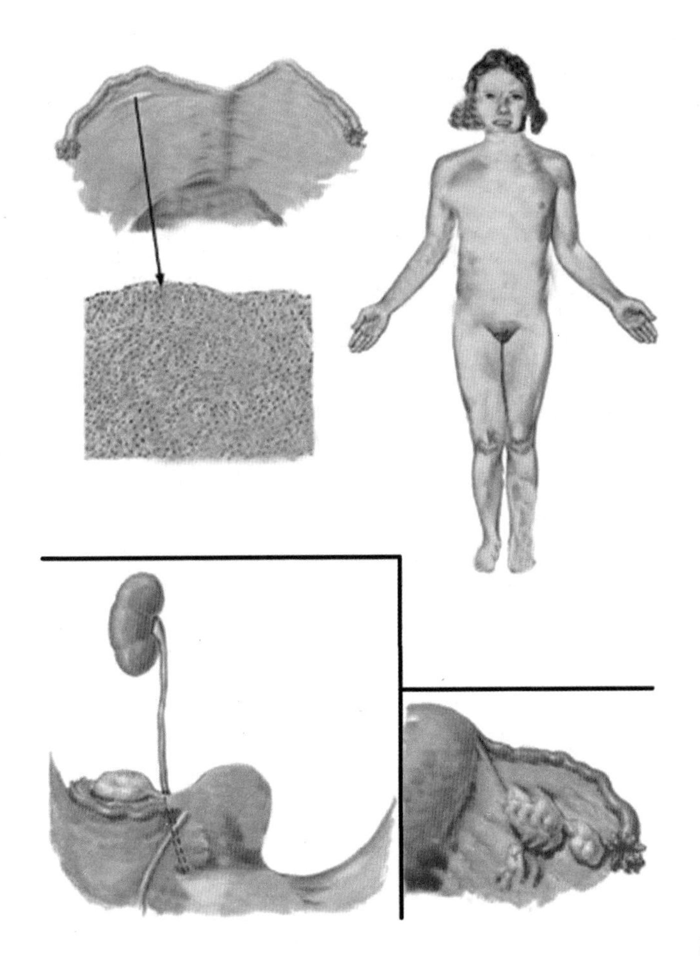

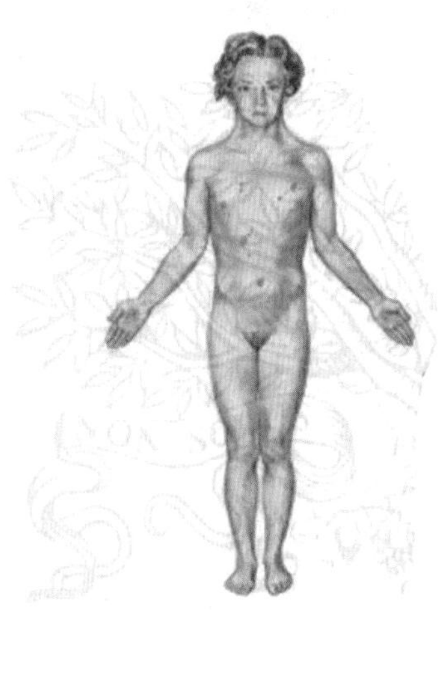

※ 杜纳综合征图示

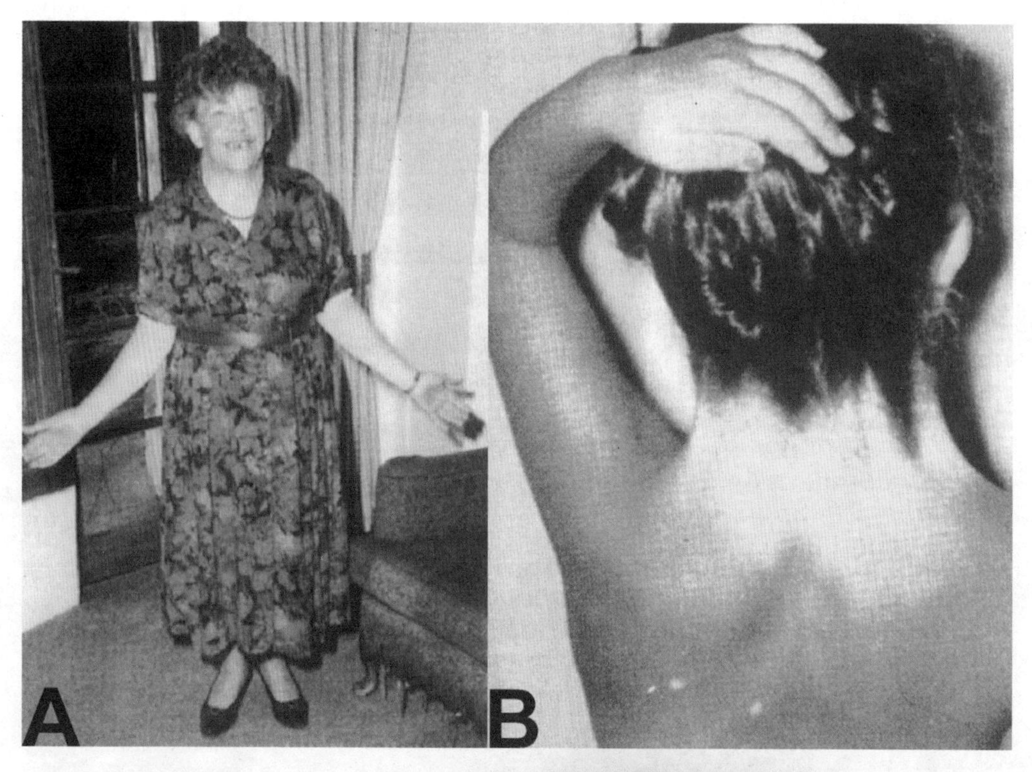

※ 杜纳综合征患者

不过，据说，这种人因为雄性特征比一般男性更明显，因此更多具有暴力倾向或反社会行为。

从众多染色体异常导致的性畸形中医学界得出了这样一些结论：首先，多一个性染色体，或少一个性染色体，往往都会造成性腺发育不全，失去生育能力。其次，Y 染色体有特别强烈的男性化作用，有 Y 染色体存在时，性别分化就趋向男性，体内出现睾丸，外貌也像男性；而没有 Y 染色体存在时，性别的分化就趋向女性，体内出现卵巢，外貌也像女性。此外，少一个性染色体的影响比多一个性染色体的影响要大些，他们通常会智力低下，而且很难通过医学手段得到有效的治疗。

对于形形色色的两性畸形，我们可以通过医学

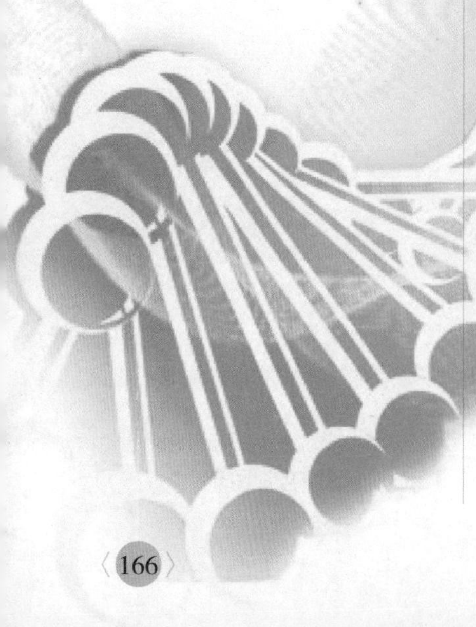

鉴定来确定染色体具体发生了哪些变异，但是，究竟是什么微妙的因素，在哪个特殊的时期使得原本正常的染色体数目增多或减少？促使 XX 染色体向男性转化需要多少雄性激素？目前的科学还没有找到一个合理的解释。此外，对于那些染色体正常，却在性别分化道路上出现偏差的人来说，究竟是哪些基因发生了突变，这些突变是如何发生的？所有这些问题还有待遗传学家们进一步研究。

※ 据说比一般人多一条 Y 染色体的人具有暴力倾向或反社会行为

对于性发育异常而造成的性畸形，我们传统的处理方法是及早发现，早做染色体性别鉴定，并根据其具体发育状况，通过性别矫正手术为其确定一个男性或女性的性别。毕竟，性别模糊的人是被主流文化排斥的群体，他们唯有迎合主流的二元性别

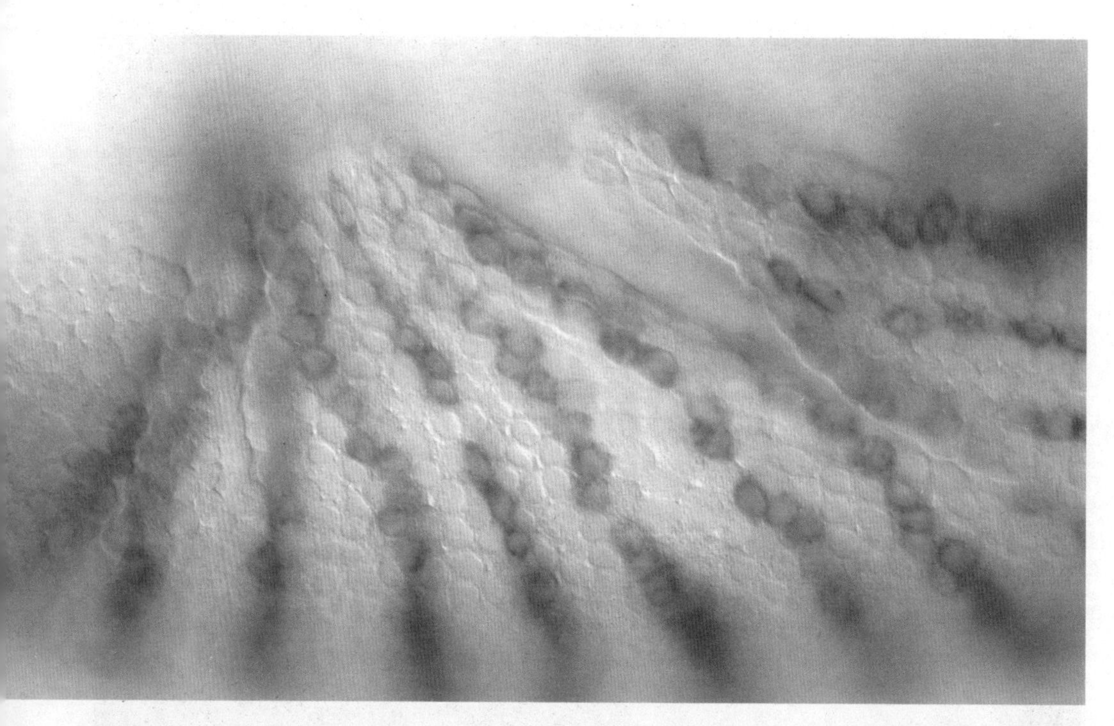

※ 在性别分化道路上为何会出现种种偏差还有很多问题有待研究

价值观才可能真正融入社会，获得社会认同，获得生活的勇气。

不过，有人却对此提出质疑，认为雌雄同体现象是一种健康的“变异”，不需矫正。实际上，放眼整个生物界，性别并不像人们想象的那样一成不变、一分为二。在某些物种中，性别是可以改变的，比如有的鱼就可以根据它们的社会地位而改变性别。例如：若一条雄性的蓝头濑鱼（一种珊瑚礁鱼类）死了，群体中最大的雌鱼马上会在行为上变得像一条雄鱼，且会在几天内转变成一条真正的雄鱼，具有完整的雄性生殖腺。还有一些鱼类是雌雄同体的，它们有两套完整的生殖系统，可以在几秒钟之内完成性别的转变，甚至可以在交配的时候互相使对方的卵子受精。人的性别好像是固定的，但是也可能会在很大的范围内出现“雌性化”或者“雄性化”的现象，因此，一定比例的变异并没有什么大不了的。

1993年，美国布朗大学医学教授、基因学家安妮·福斯托－斯特林甚至直接对男女两性的传统性别分类提出质疑，她认为“性别是一个巨大的统一体，它具有无限的延展性”，从男性到女性这两种性别之间至少还应存在五种甚至更多的性别。她提出的五种性别分别是男性、偏男性（Ⅱ型）、两性人（Ⅲ型）、偏女性（Ⅰ型）、女性。这些惊世骇俗的新思想在安妮博士的新作《人体性别的划分》有更为深入细致的阐述。

※ 放眼整个生物界，性别并不像人们想象的那样一成不变、一分为二

阴阳人与体育运动

因为男性一般都有体能上的优势，因此有些国际运动赛事要求运动员作性别鉴定。最早期，是要求运动员在专家前赤身裸体。不久，这种方法改为抽取口腔细胞，以巴尔体（惰性X染色体）的存在与否来判定。1992年冬季奥运会起，国际奥委会改为用聚合酶连锁反应，测试一种与Y染色体有关的基因SRY。在500至600位运动员中，约有1位会呈阳性反应。国际田径联合会和国际奥委会分别在1991年和1999年决定不再进行性别鉴定。

那些套着异性躯壳的灵魂

NAXIE TAOZHE YIXING QUKE DE LINGHUN

※ 弗洛伊德认为人们对性别的认识和理解来自于出生时所带的性器官

弗洛伊德认为，人类出生时就有不同的性器官，这很大程度上影响了我们对什么是男子，什么是女人的理解。但最近一项有争议的试验提出了一个问题：真的是这样吗？儿童对性别的最初认识真的是来自于对不同性征的认识吗？

美国约翰·霍普金斯大学的约翰·莫尼（John Money）教授曾经做过这样一个实验：

曾经，一位美国妇女生下一对男双胞胎。在孩子出生后7个月行包皮环切术时，因为电刀出了事故温度过高，使弟弟的阴茎连同包皮一起烧焦了。为了解决这起医疗事故，孩子的母亲带着这位失去阴茎的男童找到了约翰·莫尼，因为他曾经为一些两性畸形患者进行过性器官再造手术，有了一定的名气。然而，当时医疗条件不足以为这个一岁多的失去阴茎的男孩实行阴茎再造手术。经过专家与家属的反复、谨慎的考虑，决定干脆把这个男孩改造为女孩。毕竟，从医学角度看的话，这样做还是比较容易实现的；而且，约翰·莫尼一直在考虑一个问题，就是能否通过后天培养等手段来改变一个人的性别，这次也算是天赐良机，给了他一次验证的机会。于是，男孩出生后17个月时便做了阴茎切除，处理了阴茎残根，切除了睾丸；4个月后给“他”做了人工阴道，使“他”拥有了女性生殖器官；此后，又给“他”使用了大量雌激素，促使第二性征向女性化发展。从此，这位男童获得了新的性别。手术和治疗是成功的，但约翰·莫尼并未如释重负，他认为人的性别并非仅仅是一种生理现象，它还是一种社会现象和心理现象，性别改造的成功与否不仅仅取决于一、两次手术，还要看家庭教育的效果和孩子的心理能否适应。

在后来的6年里，大家对这个孩子进行了持续不间断的观察研究，家长非常配合地在第一时间向约翰·莫尼报告孩子的各种变化。其中，女性化的家庭教育程序是最令人关注的问题。家庭性教育的第一步便是性别教育，从名字、称呼、衣着、发式等各方面着手，让孩子穿着美丽的花裙子、留长长的头发。第二步是通过日常生活和儿童游戏来进行女性行为规范的教育，比如说：女孩子该做什么，不该做什么；女孩子与男孩子有何不同等。这样，她在4岁时便开始懂得爱美、注意自己的女性仪表了，出落成了一个听话、爱清洁的好女孩。第三步是通过循循善诱使她增强女性的性格，让她成长为一名温文尔雅、娴静大方的女孩，丝毫没有男孩子的粗野行为、蛮横动作和大喊大叫。第四步是通过性教育来帮助她注意到男女有别。就这样，她逐渐成长为一个端庄秀丽的女孩子。直到这时，约翰·莫尼才敢公布他的这一科研成功，他提出“性角色是学习的结果”这样一个论点，依据便是这位改造成功的女性化的男童。

然而，尽管经过这么长时间的观察才宣

易性癖的主要特征

易性癖主要有什么特征呢？著名的易性癖现象研究专家何欧尼格在1964年的概括，易性癖者的特征为：（1）深信自己内在是真正的异性；（2）声称自己是异性，但躯体发育并非异性，亦非两性畸形；（3）要求医学改变躯体，成为自己所体会的性别；（4）希望周围人按其体验到的性别接受自己。

布变性的成功，事态的最终发展却令科学家们十分尴尬。原来，几年后步入青春期的这位恬静乖巧的小姑娘又逐渐显露了男孩子的本性：行为粗野、追求女性，声称“我愿做个男子汉”。

她难道是一名女同性恋？答案是否定的。约翰·莫尼等科学家最后不得不承认本性确实难移，其关键在于大脑，即出生前不仅有生殖器、性腺和附性腺的性分化，也存在着大脑的性分化。通俗地说，当一个人出生时他或她的大脑里早已有性别编码的印记。性别是先天地由性染色体所决定的，这一过程发生在双亲精卵受精结合的时候。在出生后到青春期前，孩子们性发育相对平稳，一旦进入青春期春情萌动之后，大脑中铭刻的性别“密码”便被激活，性角色的表现也将受“密码”的驱使。于是，这位“小姑娘”再次决定接受手术，恢复“他”原有的性别。尽管再造的阴茎小得可怜，但总算让他心理上得到了满足。长大后，他成了3位养子的快乐的已婚父亲。

这一实验中，尽管那个男孩从很小还没有多少记忆的时候就已经被改造了性器官，并一直被当作女孩来养，但显然他被自小被赋予的性器官并没有改变他对自己性别的认知，他依然不可遏制地宣布要做个男人。

如果说这个案例中那个男孩强大的男性基因使他在十几年的性别改造后依然记得自己的原始性别。那么，有些人拥有正常的性染色体，也拥有与之非常吻合的性腺组织和性器官，生理方面正常得不能再正常了，可是，他们却丝毫不认同自己生理方面的性别，并且强烈地渴望改变性别。在他们身上，弗

洛伊德的那套先天性器官影响人们对性别的认知和定位的理论被彻底击得粉碎。这些人就生活在我们周围，尽管生理上与正常男女没有什么两样，但他们在言行举止和精神面貌上却迥异于常人，医学上把这些人那种姑且称为病态的心理称为“易性癖”（Transsexualism）。

易性癖是一种心理疾病，此类患者只是有一种强烈的改变性别的愿望，他们不是我们常说的变性人，更不是什么“人妖”和同性恋，甚或性变态更是一种误解。只有那些实施了变性手术的人才能称为变性人；没有实施变性手术，只是心里有变性愿望的人只能算是易性癖患者。至于“人妖”，只不过是泰国性文化产业生产的一种怪胎，有关“人妖”、同性恋的话题下面会有详细讲述。

※ 有人渴望变脸，有人渴望变性，世界总这么奇怪

易性癖现象古已有之，清代刘献延的《广阳杂记》中，记载了一名女子在出嫁前被发现是名男子，该男子保留了女性的“声音相貌，举止意态”。在古希腊和罗马遗留下的大量历史文献中，也能看到有关变性人现象的叙述：有的哲学家记录了变性人渴望“变性”的强烈愿望；有的诗人则细致描述了这批人追求女性化服饰、举止的行为。据记载，古罗马有位皇帝在一次暴怒中踢死了怀孕的皇后，事后追悔莫及，

便找了个与皇后极其相像的人——一名男奴来代替皇后。他命令自己的外科医生给这名男奴做了“变性”手术，并正式成婚。而另一名罗马皇帝，据说与一位强壮的男奴也正式成了婚。婚后这位“皇后”不仅担当起了所有皇后的职责，而且为了使自己获得真正的女性生殖器官，竟然将半个罗马帝国都赐给了身边的御医。

据16—18世纪的法国史书记载：16世纪后期的国王亨利三世是一个想被视为女人的人。17世纪中，被路易十四派往暹罗（泰国）的大使从小一直被作为女孩养大，而且内心里一直认为自己是一名真正的女人。18世纪，有一位著名的哀鸿爵士，他曾穿着女装在舞会上得到路易十五的赏识。真相暴露后，他反而被路易十五委任为外交官，并于1755年男扮女装出使俄国，非常出色地完成了使命。路易十五死后，他一直过着女性生活。他的一生中有49年是

※ 在繁荣与堕落、兴盛于覆灭共存的罗马帝国时期就曾经有易性癖现象的记载

男性，有 34 年是女性。“易性”现象也由此被著名性心理学家霭理士称为“哀鸿现象”。

※ 16 世纪的法国国王亨利三世及其王后。据说，亨利三世就具有易性癖

正史中记录的大多是上层社会的言行，对变性现象的记载也只能是“管窥之见”，实际上，在人类历史长河中，有“易性癖”的人不是个小数目，世界各地不同的民族、不同的职业、不同肤色人群中均有。据统计，这样的人每 5 万 ~10 万个人里边就有一个。不同国家的发病率有所差异：英国男性患者约为 1/3.5 万，女性约为 1/10 万；美国男性患者约为 1/10 万，女性约为 1/40 万；而澳大利亚发病率较高，男性为 1/2.4 万，女性为 1/15 万；荷兰、瑞典、新加坡的发病率也不低。我国易性癖发病率未见文献报道，但在 1995 年 12 月《中国青年报》上有一篇题为《易性癖患者不下 10 万人》的文章，由此可推知我国也存在着一定数量的“易性癖”患者；或者说“易性癖”这个概念已经开始被人关注、被人接受了。

韩国著名艺人河莉秀就是众多易性癖患者中比较典型的一例。在她做变性手术之前，他在生理上是一个彻彻底底的男性，可是，他却始终认为，是上帝对他开了一个玩笑，以至于把一个女人的灵魂放在了一个男人的躯壳里。于是，经过若干年的 T 台生涯，攒足了钱之后，他通过变性手术把自己变成了一个女人，实现了 20 多年来的梦想，并且，还收获了一份爱情，嫁为人妇。

※ 也许，易性癖患者就隐藏在熙熙攘攘的人群中

像河莉秀这样成功改变性别，并在事业和爱情方面双丰收的人在易性癖人群中只是极为幸运的少数。毕竟，有些易性癖者即使成功改变了性别，身份证上的性别换成了另一个，他们也要面对周围异样的眼光，很难融入自己过去熟悉的生活圈，人们大多数都把他们当作怪物来看待，更不用说有单位会用他们，或者有正常人愿意嫁娶了。这种情况迫使很多改变了性别的人远走他乡，在一个陌生的环境中孤独地拼搏生存。而大多数易性癖患者，由于家人的重重阻力和经济条件的制约，只能顶着一套自己极端厌恶的皮囊痛苦地挣扎，极端情况下，男的易性癖患者会自残阴茎、睾丸，把自己变成太监；女的易性癖患者会自残乳房。发展到极致，他们有的甚至会不顾一切选择自杀。

自古以来，人们都确信性别是不能由自己选择的。可是，为什么有人就那么厌恶自己先天的生理性别，强烈地渴望易性呢？是哪里出了问题呢？

目前，医学界一般把易性癖看作是在个体性角色中表现出的性别的自我认知障碍性疾患（Gender identity disorder），也就是说，易性癖患者是出现了性别认知障碍。第1章提到，人的性别有好几个层次，有基因性别、染色体性别、性腺性别、生殖器性别、心理性别和社会性别。只有这几个层次的性别完全一致时，一个人才是一个真正意义上的男人或女人。可以说，一个人从胚胎时起到长大成人，这个过程既是一个身体发育的过程，也是一个心理成长发育的过程，这个过程中，生理学意义上的性别在不断发展完善，心理上的性别认知和定位也在不断进行中。如果一开始的性别生理发育就出现了问题，那这个人很可能就会成为前面提到的性畸形，但如果性别认知出现偏差，那么就可能导致对自己性别的不认同。那么，到底什么因素导致人们对自己的性别认知出现障碍，以至于发展为易性癖呢？专家们各有说法，但没有一种可以“自圆其说”。目前主要有心理因素、生物学因素、遗传因素几种假说。

心理学家认为，易性癖是一种“获得现象”，即孩子出生时，处于中性状态，是“后天”将“中性状态”的正常儿童，按异性扶养，而导致了易性癖疾病的发生。临床上的确有少数易性癖从小是按异性来抚养的。除了抚养方式方面出了问题容易导致易性癖外，心理学家还认为，与父母之间的关系出了问题也可能导致易性癖，也就是说，男性易性癖者可能与母亲之间“过分亲热”、而与父亲过分“冷漠”有关；而女性易性癖者的家庭中可能存在一个抑郁的、与

※ 心理学家认为，家庭的教育不当以及父母关系出现某些问题容易导致孩子易性癖倾向

女儿疏远的母亲，同时还有一个不激励女儿向“女子”发展的父亲。

然而，从文献报道病例的病史看，绝大多数易性癖并没发现上述病史。易性癖虽然与心理因素有关，但是否因此导致易性癖的发生，仍取决于个体的“易感因素”，有这种因素者，才有可能患上易性癖；如体内没有“易感因素”，就不会“得”这种病。“易感因素”的本质是什么，目前尚不清楚。

支持生物学与性激素学说的学者认为：易性癖的发生是因为患者“脑袋里”存有一种“交配中枢”。这个中枢不受基因或染色体的影响，直接受“性激素”的调节。在胎儿 4~7 个月的性分化关键时期，如果胎儿体内缺乏雄性激素，胎儿的染色体核型虽为正常男性的（46, XY），而“交配中枢”也将发展成“雌性交配中枢”，这样的结果将导致男性易性癖的发生。反之，如果胎儿体内雄激素过剩，“交配中枢”将发展成“雄性交配中枢”，而导致了女性易性癖的发生，尽管她的染色体核型为正常女性的（46, XX）。这样，在胎儿时期便形成易性癖的物质基础。总而言之，这种学说认为：男性易性癖是胎儿时期缺乏雄激素所致，女性易性癖是胎儿时期雄激素过多的结果。然而，这种“交配中枢”由什么来调控呢？至今尚未见有报道。上述观点在大鼠、狗、恒河猴等动物实验中得到了证实，但不包括人类。

1995年，中国安徽大学周江林博士，在荷兰科学家脑研究所对易性癖的大脑进行了研究，并将成果在《Nature》杂志上公开发表，题为《人脑的性别差异和变性的关系》，在该领域引起了关注，并列为1995年世界100项重大发现之一。周江林博士发现下丘脑“终纹床核中央区”的核团，女性易性癖比普通女性大44%，男性易性癖则变小，仅为正常男性的52%。这将成为变性人变性的病理依据，即重要的手术指征。

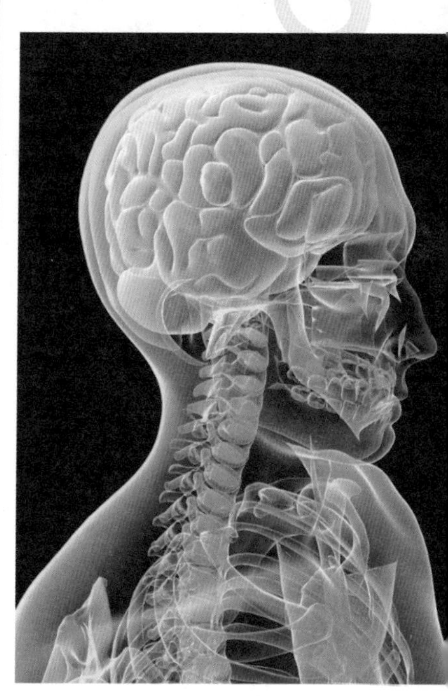

※ 还有人认为易性癖的发生是因为患者“脑袋里”存有一种与其性别相反的“交配中枢”

国外遗传学家发现：一家三胞胎，两男一女，其中两个男性都患了易性癖，家族中还有一个堂弟也患有易性癖。另有报道说一家中两兄弟同患易性癖。为此，有人提出该病为“常染色体隐性遗传病”。在理论上，隐性遗传病近亲结婚者家庭发病率相对较高，而瑞典的一位研究者调查的61例易性癖中，无一例家族中有近亲婚配史。

还有研究者认为，易性癖与H-Y抗原异常关系密切。什么是H-Y抗原呢？1979年，一位学者提出：

易性癖患者做变性手术时需要具备哪些条件

对于易性癖患者来说，需要具备如下几项条件才可以动手术：首先，一定要在权威医院被确诊，包括抽血做遗传学全检查，如查染色体或 SRY（睾丸决定基因）。其次，术前要接受心理和精神监护 6 个月左右。只有在心理治疗和行为治疗宣告失败之后，才能考虑变性手术。再次，术前要用激素治疗 6 个月左右。最后，术前要充分了解术后并发症，并且有做变性手术的决心。

H–Y 抗原是一种“性别决定因素”。这种“因素”躲在雄性组织的细胞膜上。当它缺失时，胚胎的原始生殖细胞就会发育成为卵巢；若胚胎获得了 H–Y 抗原，原始生殖细胞才能发育成睾丸。有研究者报告 87.8% 的男性患者缺乏 H–Y 抗原，即为阴性，而有 89.2% 的女性患者存在 H–Y 抗原（阳性）。然而，十分矛盾的是，易性癖 H–Y 抗原的有无与睾丸、卵巢的有无，表面上似乎无直接关系。因为男性 H–Y 抗原阴性者，同样有睾丸，女性易性癖患者 H–Y 阳性，却无睾丸。如何解释这种矛盾的现象呢？男性易性癖的 H–Y 结构基因虽然发生了突变，但没有“破坏”负责睾丸发育的“活性”部位；女性易性癖之所以存在 H–Y 抗原（阳性），是因为结构基因发生了突变。此外，又有学者在实践中，用 H–Y 单克隆抗体技术检测了数十例易性癖，其结果与正常男性相同。

至此，我们并没有发现一种解释能自圆其说。

鉴于易性癖的染色体正常，即男性易性癖为（46, XY）核型，SRY 阳性，女性易性癖为（46, XX）核型，两类患者的激素水平基本正常等特点，故易性癖是否和基因调控系统的突变有关，还有待进一步探索。可以说，易性癖的病因至今还是一个“谜”。

那么，易性癖如何治疗呢？其治疗方法一般包括心理治疗和变性手术两个方面，对于易性癖的治疗始于 20 世纪 30 年代。目前，对于成年的易性癖患者，如果他（她）自身有着强烈的治疗愿望，可以尝试进行一些行为疗法，比如当患者出现变性幻想时，医生对其施以电击使其中断幻想等。但不得不承认的是，通过各种心理治疗真正地使易性癖患者恢复常态的少而又少，心理治疗对他们的帮助极其有限，他们往往最终还是走上变性手术这条道路。

世界上第一例易性癖变性手术者是由男变女。患者是丹麦的一名画家，名叫艾纳尔·魏甘纳。因当时医生缺乏经验，一年内便死亡了。对变性手术的广泛关注开始于 1953 年的美国，当时对一名叫作克里斯汀的变性人实施了变性手术并做了广泛报道。从那时起至 1977 年，美国已有 2 500 名变性人接受了变性手术。而现在的美国，每年大约有 1 000 人申请变性手术。可是，并不是每个国家都对变性手术开绿灯，变性手术在许多地区都会在不同程度上遇到来自宗教或者法律的阻力。在中国，上海第二军医大学附属长征医院的何清廉教授于 1990 年成功地施行了我国第一例变性手术，并公开报道了这个病例。

到目前为止，全世界有 1 万多人做了变性手术。1990 年，美国出版的《整形外科学》杂志中写道：对于真正的易性癖患者，目前最好的治疗手段就是变性术，而药物治疗或精神治疗不会有持久的帮助。故有些国家已把变性手术视为一项“常规的医疗处理”，并和其他疾病一样支付医疗保险费用。

易性癖的手术效果如何呢？

20 世纪 80 年代，西方国家变性手术的成功率在 50% 左右。手术的成功率逐步增加，并发症逐步减少，手术结果让患者越来越满意，其心理状态也随之得到了良好的改善。但也有报道手术失败的，其失败率为 10% 左右，即手术后仍旧按术前性别生活。极个别人手术后会出现自杀行为。

※ 国外男变女的变性人

怪异的群体——“阉人”与“人妖”

GUAIYI DE QUNTI——YANREN YU RENYAO

前面提到的阴阳人和易性癖人群，他们或者由于先天的基因突变、染色体变异而发生性别混乱，多种性别特征集于一身，或者由于心理方面发生性别认知障碍而成为强烈渴望改变性别的一群人。无论是阴阳人或是易性癖患者，他们大多数都需要通过手术来矫正性别，获得与正常人一样的性别归属。然而，在历史上，在某些地域，有一些人群，他们原本是一个正常的男性，却通过手术或药物让自己变成了不男不女的怪物，他们有的是“阉人”，有的则被人们称为“人妖”。

※ 北非苏丹随军出征的“阉人”与后宫（后宫骑马蒙面，“阉人”牵马）

“阉人”是被阉割掉男性生殖器的男性。他们不长胡须，没有喉结，声音尖细，举止动作似女非男，是一个十足的“中性”人。

“阉人”主要是以帝王家奴的面目出现的。古代帝王妻妾众多，成千上万，不可能一一兼顾，为了预防后宫淫乱，以保证自己的妻妾们守贞节，因此把服侍她们的男性奴仆变为“阉人”成为帝王们的首选，“阉人”现象就此出现了。

对“阉人”的使用以中国最为漫长，也最为系统化。在中国，服务于帝王家的“阉人”就是我们一般所说的太监。他并不是中国的特产，事实上，古代埃及、希腊、罗马、土耳其、印度、朝鲜，乃至整个亚洲都使用过“阉人”。英文中的“太监”一词是由希腊语“守护床铺的人”而来的，由此也可知太监的作用。

※ 接受洗礼的“阉人”

关于“阉人”什么时候出现，现在尚无确切的时间。东方国家一般在公元前 8 世纪左右古代君主专制制度形成时期就出现了。古希腊历史学之父希罗多德曾说过，在公元前 6 世纪时，波斯已有此风俗习惯。由于“阉人”的广泛使用，需求量很大，古希腊甚至出现了专门贩卖“阉人”的人贩子，并形成了专门的“阉人”集散地。按照希罗多德的说法，古希腊人在小亚细亚的古都亚非沙斯，也就是圣经上所称的那披索及利吉亚的首都沙鲁德斯等地，将“阉人”高价卖给波斯人，所以沙鲁德斯以出产“阉人”而著名。至于大量使用“阉人”的中国，从甲骨文考证得知，中国从殷商时代就开始使用“阉人”了。

※ 从甲骨文考证得知，中国从殷商时代就开始使用“阉人”了

中国在后宫中全部使用“阉人”是从东汉开始的，在漫长的中国封建社会历史中，“阉人”不仅涉足帝王家的家事，还屡屡涉足复杂的政治斗争。历史上，涌现出了一大批权倾朝野，甚至主宰帝后命运的著名“阉人”，无数帝王的兴废、无数王朝的衰亡，背后都有“阉人”做推手。

尽管锦衣玉食，高官厚禄，无限风光，但他们从骨子里却是被人瞧不起的，生理上的畸形导致的

※ 明宪宗元宵行乐图中穿“曳撒”的太监

男性尊严丧失，使得这群“阉人”迫切需要通过别的渠道获得他人的尊重，于是，大多数“阉人”在曲意逢迎、把自己的尊严践踏在帝王将相的脚下的同时，学会了争权夺利，明朝大太监魏忠贤甚至成为一人之下万人之上的九千岁，名噪一时的特务机关锦衣卫成为他去除异己的工具。

除了弄权之外，许多“阉人”还像正常人一样娶媳妇来满足自己特殊的心理需求。有一些净身不彻底的“阉人”甚至还秽乱宫廷，在女人身上弥补他们失去的男性尊严。在中国的史书上，对“宦寺宣淫”“宦寺乱政”的记载也是很多的。不仅中国如此，其他使用“阉人”的古君主专制国家也屡见不鲜。例如在波斯，后宫紧锁重门，那些面色白皙、相貌英俊的太监都不准与后宫接触，只有那些特意挑选出来的又老又丑而又特别忠心的太监能进入后宫。尽管如此，那些被监禁得比囚犯还严厉的君主的后宫妻妾照样能把她们的情人藏在后官，性活动更加大胆，而且，帝王妻妾从囚笼般的后宫逃出来的记载也不绝于史。从阿拉伯著名的民间故事集《一千零一夜》中，我们也可以曲折地看到许多阿拉伯国家中的宫廷秽闻。

除了作为帝王后宫奴仆外，“阉人”还是一种政治迫害的产物，中国古代所谓的“宫刑”就是把人变为“阉人”，由于“阉人”丧失了性能力，无法传宗接代，因此，这种刑法在十分重视子嗣和后世香火的中国封建社会是十分残酷的惩罚。《史记》的作者司马迁就是宫刑的受害者。而朱元璋时期还

中国历史上蔚为壮观的太监王朝

五代十国时期，在广东一带出现了一个蔚为壮观的太监王朝——南汉。南汉王朝重用太监，认为太监“无鸟一身轻”，最没有私心，也最效忠。最不可思议的是，这个王朝律法规定，凡是朝廷任用的人，不管他是不是有才，不管是进士还是状元出身，一律要阉割了才能当官。即便是和尚道士，皇帝如果想与其谈禅论道，也要先阉割了再说。为了求取功名，一些趋炎附势之人便自宫以求进用。于是南汉几乎成为阉人之国。

一次将 2 000 个工匠阉割，只是因为要修建一个园林时误将他们报为上等工匠，由此可见其残忍性和任意性。而在古埃及，阉割也经常作为对通奸犯的刑罚。有时候，俘虏也像惩罚奸夫一样被割去睾丸。

※ 宫刑的受害者司马迁

还有一类“阉人”，他们的存在居然是为了所谓的艺术。这类“阉人”存在于某些国家教堂的唱诗班，他们被称为“阉伶歌手”（castrato）。因为那时候人们认为男孩儿的声音清脆高亢、纤尘不染，是最接近上帝的声音，为了让歌手始终保持这种音质，从 15 世纪的意大利开始，被教堂选中的孩子就得接受残忍的阉割手术，这样体内就不再分泌雄性荷尔蒙，也不会变声了。据说经过这种手术有利于音域的扩展，能够演唱女高音、女中音、男高音，甚至男低音的角色。15 世纪，由于女性不允许参加唱诗班，所以，歌声丝毫不逊于女性，甚至比女性更胜一筹的“阉人”歌手代替了唱诗班的女生。从 17 世纪初叶歌剧兴起，到 18 世纪末，“阉人”歌唱家在歌剧中起着主要的而且往往是决定性的作用。我们现在耳熟能详的美声唱法最早就是从“阉人”歌唱家开始的。以现代人的眼光来看，至少有两位阉伶——法里内利和帕切罗蒂，是迄今最伟大的歌唱家之一。那种夜莺的残酷和美令人有种发自灵魂深处的震撼。

※ 亚历山德罗·莫雷斯奇（Alessandro Moreschi）——最后的“阉人”歌手

印度被称为“海吉拉斯”（hijra）的“阉人”既不是为帝王服务的，也不是受刑者，更不是歌唱家，他们是一群献身于神的群体，一般出自贫穷的家庭，10~15 岁左右就被阉割。由于代表神，因此他们需要通过正式的宗教仪式才能被阉割。之后，与自己过去的家庭割断联系，成为“海吉拉斯”团体中的一员。

※　印度的“海吉拉斯”

※ 阉人歌唱家为意大利歌剧注入了生命力

“海吉拉斯”在印度宗教中有着比较高的地位，过去，他们主要为皇室、贵族和军队跳舞祈福。随着皇权的倒台，现在，“海吉拉斯”的主要工作就是在婚丧嫁娶的场合为主人祈福、驱邪避祸。一旦听说哪儿有一个喜庆活动，哪家买了新房子，哪家生了男孩，哪家结婚，哪家商店新开张，他们就会神秘现身，成群结队，又是唱歌又是跳舞，直到别人给了钱，他们才会离开。

作为一群服务于神的群体，“海吉拉斯”的地位不见得荣光，相反，他们是被社会排斥的一个边缘团体。在一般印度人的眼里，不男不女的“阉人”等同贱民，甚至比贱民还低，对于他们，人们都唯恐避之不及。而“海吉拉斯”也严格地保持着自己的操守，不酗酒、不吸毒、不进正规医院就医、不与外人交友。可以说，“海吉拉斯”是印度社会独有的一种群体，他们彼此守望，相互照顾，生存于社会敌意之中，是最孤独的群体。他们不能结婚，没有孩子，仅有的朋友和知音就是其他“阉人”。

文明社会的怪胎不仅仅是上面提到的那些形形色色的“阉人”，还有“人妖”（Kathoey）。

“人妖”是泰国独有的一种神秘社会群体，“她们”风情万种、娇艳无比、能歌善舞，显得比女人还女人，但他们却是实实在在的男性。他们生有男性的生殖器官，又有女性光滑细致的皮肤和丰满的乳房，但他们不是天生的性畸形，不是天生的阴阳人，而是

为了谋生，出于娱乐大众的目的而后天改造出来的。“人妖”不需要像“阉人”那样阉割男性生殖器，而是通过从小不间断地注射雌性激素改造而来的。在激素的调理下，他们的男性生殖器变得如幼儿般幼小，女性的第二性征充分发展，除了声音有别于普通女性，手脚比较粗大外，不仔细看，真的看不出他们是个男人。

“人妖”是泰国旅游业、娱乐业的一道独特的风景，“人妖”表演是泰国税收的一个重要组成部分，是受国家法律保护的。在泰国，有专门培养“人妖”的学校，而“人妖”一般都来自贫困家庭。一般从男孩两三岁时，“人妖”学校就开始按照女性化气质来对他们进行培养。男孩们从小就要穿女式服装、模仿女性的言行举止、培养女性的爱好。在这个过程中，最重要的是服用有助于身体向着女性化方向发展的雌性荷尔蒙药，十多年后，男性生理特征便逐渐萎缩，女性特征则越来越明显。在此期间，“人妖”还需要学习舞蹈、音乐等适合演出的表演性技艺，严格的规范化训练，一般女性是难以承受的。从“人妖”学校毕业后，这些“人妖”会被不同的剧团老板雇佣，成为他们赚钱的工具。

※　舞台上风光无限的泰国人妖

尽管在舞台上风光无限，可是，“人妖”在泰国是受到歧视的。虽然法律承认他们为男性，可是却从来没有人把他们当作男人看待，只把他们视作一群玩物。为了生存，为了改变命运，“人妖”就不得不拼命地赚钱。可是，“人妖”的主要赚钱途径只能靠出卖色相，而“人妖”表演很难登大雅之堂，因此他们的收入与其他艺人相比是非常少的。而且“人妖”的艺术生命非常短暂，一过 26 岁，就会像 55 岁以上的正常人一样走向衰老了，而一过 30 岁，形体将不受控制，男性的形体特征逐渐明晰起来，这时他们一般会被老板抛弃。因此很多“人妖”除了参加剧团的表演外，还在红灯区私下拉客赚钱。攒够钱做变性手术，做真正的女人是大多数“人妖”的梦想，可是在泰国，变性手术的费用高得惊人，对绝大多数“人妖”来说，那是可望而不可即的事。而且，泰国法律完全不承认变性人，不肯为变性人变更性别。因此，浑浑然了此一生，是绝大部分“人妖”的写照。在为数众多的“人妖”中，只有极少数“人妖”会被男人爱上，并甘愿为他们花费高昂的费用做变性手术，经过医生检查并出具证明之后使他们变成真正的女性。不过这种情况极为少见，大多数“人妖”只能沦为外国同性恋游客的性玩物或者舞台上的龙套和丑角。然后，任由韶华逝去，激素再也控制不住皮肤和体型，之后，在身心煎熬和贫穷中度过余生。

可以说，每一个“人妖”背后都有一段辛酸的故事，他们不男不女，不能生育，被社会歧视，受老板盘剥，身心受到严重摧残。而且，“人妖”的寿命一般都不长，只能活到 40 岁左右。与生理畸形的阴阳人和变性人相比，他们的命运更惨。

※ 扮演丑角的人妖

PART 6

第6章
断背山深处的隐秘世界

在这个一分为二的两性世界中，少男总是在追逐少女，男女结合一直是天经地义之事。可是，凡事总有例外，世间事总有不按常理出牌的。有些生理发育正常的人偏偏就对异性不感冒，他们渴望结合的对象却是同性人。我们把这些人称为同性恋者……

历史上的同性恋

LISHI SHANG DE TONGXINGLIAN

2005年，一部由华人导演李安执导的影片《断背山》在国际主流电影颁奖典礼上屡获大奖，媒体对此的轰炸式报道让人们把关注的目光投向了一个隐秘的群体——同性恋人群。

在普通人眼中，同性恋现象是一种伴随物质文化生活的极度繁荣而出现的一种怪胎。其实，同性恋现象古已有之，无论是文明古国还是原始部落。

在4000年以前的古埃及，人们就已经把男性之间的性爱行为看作神圣的事情，传说古埃及法老的守护神、鹰头人身的荷鲁斯（Horus）和黑暗与沙漠之神塞特（Set）这两位大神就有过这种行为。而在古埃及君主的后宫中，每个女人都有自己亲密的同性伙伴。古印度也出现过这种情况。在古代的美索不达米亚，也有大量同性恋现象存在，并出现了专门

※ 《断背山》电影海报

为同性恋者服务的男妓。在一些国家，由于两性隔绝，不容易接近，因此同性恋现象也比较普遍。在拉美玛雅文明中，男孩在结婚之前，父母通常会给他安排一个男性玩伴（男奴），以满足他的需求。

在诸多文明古国中，最有特色也最引人注目的是古希腊的同性恋现象。

在古希腊神话中我们随处可以看到男性同性恋的影子。其实，这是古希腊人对现实生活的一种真实再现。古希腊人把男性视为最理想的爱情对象，因为在他们眼中，男性是近乎完美的作品，尤其是那些尚未长成的英俊少年。在古希腊人看来，12 到 16 岁左右的少年，他们的男子汉气质正处于含苞待放之时，与他们恋爱是一种高雅的行为，具有美学意义的情趣。柏拉图就这样直白地赞扬过男子间的爱情：“通过对男孩子的夜晚之爱，一个男子在起床之时开始看

※ 古印度石雕壁画中的同性性行为

※ 柏拉图半身雕像

※ 古希腊彩陶上的男同性恋者

到美的真谛。”柏拉图还直言不讳地宣称，“神圣之爱”只存在于男人之间，只有男子之间的爱情才是情感的真正贵族与骑士形式。

有史料记载，在公元前 6 世纪到公元前 4 世纪这 200 年间，同性恋一直被古希腊人作为“高等教育”的一个分支，每一个少年在接受完传统的基本教育之后，都要与一个成年男子结成亲密无间的师生关系，这个成年男子作为少年的监护人或导师，会以空前的激情，全心全意把少年培养为一个具有美好品德的优秀公民，他们之间的关系就是那种不分彼此的情人关系。他们中一方（成年男子）被称为“爱者（Lover）”，而另一方（少年）则被称为“被爱者（Beloved）”。在少年长大成人之前，他们会整天待在一起，即使参加战争，他们也会并肩作战。古希腊著名城邦底比斯就出现过一支著名的同性恋军团，他们共有 300 名士兵，全部由 150 对同性恋伴侣组成，这支精锐的部队转战沙场 30 多年，立下赫赫战功，最后才被战神亚力山大大帝所灭。柏拉图曾对此做过如下评论：“一小群彼此相爱的士兵并肩作战，可以击溃一支庞大的军队。每个士兵都不愿被他的‘爱人’看到自己脱离队伍或丢下武器，他们宁可战死也不愿受此耻辱……在这种情况下，最差劲的懦夫受到爱神的鼓舞，也会表现出男人天赋的勇敢。”正是这种对同性恋的鼓励行为，使得古希腊同性恋特别风行，如果哪个男人没有引诱一个年龄比他小的少年，会被认为是不履行男人的职责，而没能得到某个男人的友谊对于一个少年来说则是一大耻辱。

在古希腊，除了男同性恋外，女同性恋之风亦很盛行。有资料记载，当时的一些女同性恋者会打扮成男性的模样，参加打仗和狩猎活动，并同另一个女人结婚。据说古希腊著名的女抒情诗人萨福就是一个典型的同性恋者，她虽有丈夫子女，却始终对同性充满爱慕之情。她曾经在莱斯波斯岛（Lesbos）上建立了一个女子学校，在这里，她一次次爱上了她的学生，最后因遭到一位女恋人的拒绝，跳海而死。

※ 古希腊彩陶上的同性恋军团士兵

古希腊人不仅崇尚同性恋，还允许同性恋男妓的存在。这种风气深深影响了后来的罗马人。从公元前 6 世纪早期到公元前 4 世纪早期，男性同性恋整整盛行了两个世纪。

正因为同性恋行为在古

※ 19 世纪画家笔下的萨福

希腊非常典型，而且这里的同性恋还是西方文明中同性恋的源头，因此，同性恋又被西方学者称为“希腊恋”（Greek love）。

我国数千年的历史中，有关同性恋的记载也不绝于史。我国古代同性恋行为主要表现为尚男风，并出现了几个小高峰。早在春秋战国时期，同性恋便出现了公开蔓延的现象，上至君主，下至平民，尤其是战国后期。当时男性同性恋风气日益兴盛，比起娼妓业有过之而无不及。在这种风潮中，出现了脍炙人口的“分桃”（春秋）、“断袖”（汉代）、龙阳君（战国）、安陵君（战国）等历史人物和故事，以至于“龙阳”“余桃”“断袖”等词汇成为中国古代同性恋现象的代名词。“狎昵娈童”在崇尚男性姿容的魏

※ 跳海自杀的古希腊著名女抒情诗人萨福

※ 欧洲绘画作品中的同性恋

晋南北朝时期达到了极致。这一时期，不仅士大夫与民众狎昵娈童，而且还公然形诸于歌咏。足以与古希腊相比拼。男性同性恋现象在崇尚勇猛武力的隋唐五代渐衰，宋代后再次兴盛，男妓猖獗，以至于宋徽宗时，不得不立法让人们举报男娼，举报者“赏钱五十贯”，“男为娼，杖一百”。明清时期，官吏商贾儒生宠狎娈童，蓄养梨园男伶成风。清代著名画家、扬州八怪之一的郑板桥，还有著名诗人、文学家袁枚就曾经是同性恋者。尤其是郑板桥，一生喜好男色，并毫不避讳地在他的诗作中表达他的同性恋倾向。他在山东潍县任县令时，一次，一美少年犯了律法，被当众打板子。郑板桥观刑时，见少年美臀受创，竟心疼得忍不住落泪！同为其知己的袁枚则在《随园诗话》《子不语》《续子不语》中，一再谈及龙阳之美。《随园轶事》中载：“先生（指袁枚）好男色，如桂官、华官、曹玉田辈，不一而足。而有名金凤者，其最爱也，先生出门必与凤俱。”

※　书生与书童（清代木雕板作品），在中国古代书生游学在外，书童相随，照顾左右，他们常有同性恋的关系

除了尚男风外，中国历史上也有不少女同性恋

※ 清代男风绘画作品

现象。据史料记载，汉代宫中女子有些会乔装打扮，配为夫妇，同寝同食。汉武帝的陈皇后阿娇就曾命把宫女打扮成男子模样，与她共寝。武帝因此大怒废后，责其为“女而男淫”。女同性恋现象并不仅此一例。在男性作为稀缺资源的历代皇宫大内中或多或少都存在。除了后宫外，民间女同性恋现象也大量存在。有史料记载，一些尼姑、道姑经常出入女子闺房，与之淫乱；还有一些丈夫长年在外经商的女子或守寡妇人，独守空房之余难免出现姑嫂间的同性恋行为。在明清的男风鼎盛时期，广东顺德还出现了许多终身不嫁的蚕女，她们被称为“自梳女”“老姑婆”。这些蚕女歃血为盟，互相结拜为姐妹，同住“姑婆屋”。她们亲如夫妇，祸福与共，终生不渝。她们结盟的仪式称为“梳起”。也就是说，结盟仪式前，她们会像新嫁娘出嫁一样，把做姑娘时留的大辫子像妇人一样梳起来。凡是经过“梳起”的女子，一切婚约均属无效，定了亲的男家不能强娶，不过他们可以向那对结拜姐妹索取与要求赔偿聘金和重新订婚的费用。女同性恋发展到后来，也有了自己的代名词“磨镜”，并且在清末民初的上海还出现了一个叫“磨镜党”的女同性恋团体，在当时号称“十里洋场”的上海颇具影响力。明末清初李渔所著《怜香伴》中的雀笺云和曹语花、清代曹雪芹《红楼梦》中的蕾官和薇官、蒲松龄的《聊斋志异》中的封三

※ 广东顺德的“自梳女”画像

※ “自梳女”居住的“姑婆屋”

娘和范十一娘，都是对女同性恋的描写。

除了上面提到的国家和地域外，英、法、德、日等国历史上也不同程度地存在同性恋现象。而在文明社会之外，一些尚存的原始部落中也存在一些同性恋文化。譬如美国西北部的卡迪克部落中，就有把男孩当女孩养，并让他们同有钱男人结婚的现象。而在澳大利亚西部的肯伯雷地区，男子成年后如果找不到女人，就会找少年为妻。北非的斯旺人中普遍有男同性恋行为，他们经常会相互借用别人的儿子做同性性伴侣，并公开谈论他们之间的男性性爱。这是当地的一种社会习俗。如果一个斯旺人不发生同性性行为，就会被族人视为怪人。在爱斯基摩人中，有些女性拒绝同男性结婚，自己却表现出男性的行为作风。新几内亚高原的萨姆比亚部落，男孩子的成人礼是需要与成年男子发生性行为来实现的。因为在他们看来，男子的精液是最为神圣宝贵的，真正的男子气概只有通过摄取精液才能获得。在马来西亚，有 50 个以上的土著文化具有类似的仪式，直到这些

※ 最后的“自梳女”

男孩子被社会承认为成年男子，他们才能娶妻生子，彻底告别同性恋活动，进入正常的异性恋阶段。

……

从上面林林总总不同国家、不同地域、不同历史阶段出现的同性恋现象中，我们可以看出，同性恋不是我们想象的那样，是物欲横流的社会滋生的怪胎，而是一种人类社会由来已久、普遍存在的社会现象。现在，动物学研究还发现，动物界也存在类似的同性性行为，譬如灵长类的猕猴、狒狒、黑猩猩，还有像长颈鹿、企鹅、鹦鹉等动物。据说，有500种动物的同性恋已有资料详尽的记录。

尽管如此，人们始终对同性恋抱有种种偏见，认为他们是性变态，心理不正常，认为他们败坏社会道德，是一种犯罪行为。因此，他们一度遭到迫害。东罗马帝国时，因饥荒、地震、瘟疫盛行，当时皇帝找不到"出气"的对象，便一口咬定是同性恋盛行

※ 马来西亚的萨比亚人（Sambia，Papua New Guinea）同样存在同性恋文化

※ 据说，像这样憨态可掬的企鹅也存在同性性行为

冒犯了上帝，亵渎了神灵，于是下令将他们抓起来阉割、示众后处死。而经历过女巫迫害的法国在放弃焚烧女巫后，居然出现了焚烧同性恋者的残忍陋俗，这种状况一直持续了好长时间。拿破仑法典颁布后，对同性恋的惩罚才逐渐放宽。而英国的著名剧作家王尔德因涉嫌同性恋，被判处两年徒刑。在他辞世之后，他的书籍和剧作都被禁，甚至那些研究同性恋的学术著作也遭到查禁。19 世纪末 20 世纪初，德皇威廉二世时，德国同性恋人数之多，令人瞠目结舌，以至于被法国人称为“德国病”。为了惩治同性恋，德国法律规定从事男性同性性行为的人要被判处一年到四年的监禁。当时，民众中关于军队、行政、外交部门的高级官员中存在同性恋者的传言愈演愈烈。甚至有媒体公然宣称，在最高层有个同性恋集团，形成了第二政府，蒙蔽皇帝。于是，揭露这一集团成为一种爱国行动。在这种潮流下，出版商哈顿发表了攻击同性恋的文章，引起整个德国朝野上下对同性恋者的围攻。当时的王子就因卷入了同性恋阴谋集团而被迫引退。而当时的同性恋者都被人们讥笑为“第 175 条的人”，也就是说德国刑法第 175 条被禁止的同性恋人群。

※ 英国著名剧作家王尔德

在对同性恋者大加鞭挞的同时，德国性学家赫兹菲尔德（Magnus Hirschfeld）于 20 世纪初首次将同性恋者置于与男女两性平等的第三性的位置上，呼吁法律对他们进行保护，博得了越来越多社会学家、心理学家和性学家的关注。可是，到了纳粹德国时期，同性恋却再次被疯狂镇压。

1969 年 6 月的一天晚上，在位于纽约格林尼治镇的一个名为“石墙”的酒吧里发生了一起暴乱，参加暴乱的就是被人们称为同性恋的人群。这可能是有史以来第一次公开的、群体性的同性恋者的反抗。从那以后，一浪高过一浪的争取平等权利的同性恋运动使得公众不得不重新审视同性恋者的权益问题。

现在，已经有三分之二的社会似乎默认了同性恋活动，人们对同性恋表现得也越来越宽容。毕竟，同性恋者在整个社会中的绝对数量还是非常大的，他们存在于各个种族、各个阶级、各个民族和各种宗教信仰的人们当中，他们中“既有穷人也有富人，既有受过高深教育的人也有无知无识的人，既有有权的人也有无权的人，既有聪明人也有愚笨的人”（性学专家凯查多利（Katchadouria. H. A）的《人类性行为基础》）。

美国关于同性恋的反歧视政策

在美国的私营企业中，没有防止雇员因为性取向受到就业歧视的联邦法律。但是，目前大多数美国的跨国大公司（例如IBM、微软、福特汽车、可口可乐、波音、迪士尼、AOL等），都制定了公司内部的基于性倾向的反歧视政策，适用于公司内部的就业、福利、升职、工作环境和公司文化、公司决策等各方面。并且，在14个州，包括哥伦比亚特区，以及超过140个城市中都有禁止歧视的禁令。

※ “石墙”旅店

同性恋者鲜为人知的生活

TONGXINGLIANZHE XIANWEIRENZHI DE SHENGHUO

现在，人们对同性恋现象表现得越来越宽容，就好像古诗中形容的那样“忽如一夜春风来，千树万树梨花开”，在一些大城市里，越来越多的同性恋者进入公众的视线，甚至有的同性恋者走向街头，公开举行婚礼。那么，现在同性恋者有多少呢？他们究竟有着怎样与众不同的生活方式？

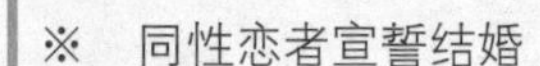

※ 同性恋者宣誓结婚

研究显示，同性恋者在不同社会中占有比较稳定的比例，同性恋倾向不会因为社会的阻挠或迫害而减少，也不会因为社会的宽容而增多，只要有一个足够大的人群，就会形成一个同性恋文化群。调查结果显示，这个比例为10%，也就是说，我们身边10个人中就可能有一个人有同性恋倾向。美国甚至成立了“10% 协会（Ten Percent Society）”。当然，这个数据只是一个平均值，有的地方可能只有3%~4%，有的地方还可能攀升到30% 左右。而在我国，据统计，同性恋者的人口大致在3 600万至4 800万之间。

这些数量庞大的隐匿群体，他们的生活和我们普通人没什么差别。不过，他们有的公开了同性恋的身份，而大多数人则把自己的性取向隐藏了起来。同性恋者公开和隐藏的程度不同，很多同性恋者仅向其信任的朋友公开，而对于一般关系的人仍然是保

密的。公开同性恋身份的人可能会生活在一个同性恋社区，像纽约或旧金山这样的大城市就有大量的同性恋社区，形成了独特的同性恋亚文化群。而那些隐藏同性恋身份的人可能会和一个异性恋者结婚、生子，并拥有着令人尊重的职业，每个月只抽出很少的时间来与同性发生性行为。

尽管同性恋者具有这么庞大的人口基数，但是，对于其中每一个同性恋者来说，他在主流的异性恋社会中还是异类，是孤立的。为了摆脱孤独感，他们习惯组成团体进行活动，在团体活动中交流情感，寻找伴侣，获得自信。

如今，很多同性恋团体存在于大城市的周围。它们主要是书店、饭店、剧院和一些与这一团体相融的社会组织。女同性恋团体有其自身的特殊性，她们常常通过音乐、文学作品和节日、会议上的庆祝活动来营造一种女同性恋文化，毕竟，女性拥有更加柔美的浪漫气质。

※ 美国奥克兰男同性恋酒吧的GAY

同性恋酒吧是同性恋者社会生活的一个方面。有些同性恋酒吧从外面的装潢上看与其他酒吧没有什么区别，而另外一些则会用一些带有暗语色彩的名字来暗示其顾客的身份，如“敞开的橱柜”。喝酒、跳舞、社会交往和寻找性伴侣

※ 美国奥克兰女同性恋酒吧疯狂的舞会

或是爱人都是这类酒吧非常重要的功能。酒吧典型的特征是只服务于单一性别：要么是为男同性恋者服务的，要么是为女同性恋者服务的。当然也有个别酒吧同时为男、女同性恋者服务。目前，男同性恋酒吧比女同性恋酒吧要多得多。这两种酒吧的氛围绝对是不同的：男同性恋酒吧大多是寻找性伴侣的地方；而女同性恋者酒吧则更多是寻找交谈对象和进行社会交流，毕竟女孩子更喜欢与人谈心。

同性恋浴室是一些男同性恋者社会活动和性生活的另一个方面。这些浴室内有很多的房间，一般包括游泳池或是冲浪浴池，同样也有用于跳舞、看电视和社会活动的房间。大多数房间里的灯光都很昏暗。一旦一个人找到了性伙伴，他们就可以走进一个带有床的房间。到了 20 世纪 80 年代，大多数的同性恋浴室都被关闭了，公众卫生部门害怕人们在那里从事带

有危险性的性行为，也害怕因此导致艾滋病的扩散。而在20世纪90年代，同性恋浴室又得以复兴。

除了酒吧、浴室之外，还有很多同性恋者进行活动的场所，主要包括市政社区教堂（同性恋者的教堂）、同性恋者运动组织和同性恋者政治组织。

在过去的30年间，同性恋自由运动对同性恋者的生活方式产生了巨大的冲击。尤其是，它鼓励同性恋者更公开化，不要为自己的行为和角色背负有太多的负罪感。同性恋者自由会议和活动，为同性恋者提供了一个社会平台。在这里，他们相遇、相知、讨论重要的问题。除此之外，同性恋自由运动还为同性恋者提供了一个政治性的组织，可以争取法律上的支持、与警察的骚扰相对抗及与工作上的歧视相抗争，同样也可以做公共关系等工作。在美国，就有一个国家同性恋工作组织（The National Gay and Lesbian Task Force），它是美国所有这些群体的信息交换中心，能够在地方性的杂志上提供各种相关的信息。

同性恋自由运动的成员还创立了许多报纸和杂志。这些报纸和其他报纸有许多共同的栏目：政治观点的论坛、人们感兴趣的故事和时尚新闻，甚至还有征求性伴侣的广告。其中，比较著名的同性恋杂志有The Advocate，它在美国洛杉矶出版，在全美发行。在美国华盛顿出版的Lambda Rising News也是一份很重要的报纸。有些城市的同性恋酒吧和浴室还有很多自己的出版物，它们对于旅行者或是那些新进入同性恋圈子的人来说是获取相关信息的一条非常便利的途径。

随着网络技术的发展，现在，同性恋者在实体

同性恋者的象征符号

大家都知道男性和女性分别有象征符号。那么同性恋者有没有自己的符号呢？要知道，象征和礼节在同性恋文化中也是很重要的。粉红色的三角形用来表示男同性恋，现在也用来表示一种骄傲。黑色的三角形是用来象征女同性恋的。希腊字母的第11个字母（Λ或λ）也用来表示同性恋。

※ 2006 年 12 月 28 日 的 The Advocate 杂志封面

的社交场所之外又多一些虚拟的交流空间，他们组建自己的网站，搭建自己的交流平台，传达自己的价值理念。

随着社会对同性恋认同度的增强，许多同性恋者也逐渐摘下伪装面具，像我们身边的普通人一样组建家庭，并领养孩子。许多人认为，同性恋家庭对于孩子的成长是不利的。法庭上也一直认定同性恋者不适合为人父、为人母。异性恋夫妻的一方如果有同性性取向，在离婚时，法庭会以此为理由将孩子的监护权判给异性性取向的一方。那么，到底这样的家庭会不会对孩子产生影响呢？

实际上，绝大多数在同性恋家庭中成长的孩子是异性恋取向的。在同性恋家庭中的孩子，其适应性和精神健康与异性恋家庭的孩子没有什么差别。有人比较了同性恋母亲抚养长大的女儿和异性恋母亲抚养长大的女儿的个性。结果发现，在人的个性的 18 个方面中，17 个方面上没有显著差异。唯一存在差别的方面是心理上的主观幸福感，而出乎意料的是，由同性恋母亲抚养长大的女儿在这方面反而更好一些。同时，在同性恋家庭中长大的孩子与在异性恋家庭中长大的孩子，在社交技能和受欢迎程度上是一样的。这些都将消除人们对同性恋家庭中生长的孩子的担心。

一位临床心理学家结合多年经验对此做出了如下断言："很明显，传统的家庭结构，包括有没有父母和是否是异性恋，对于孩子的成长不是必需的。只要这个家庭能够给孩子提供至少是一方面的支持和关心，适应性良好的孩子可以在不同的家庭结构中被成功地抚养长大。"

※ 同性恋者快乐的家庭

性取向与同性恋正解

XINGQUXIANG YU TONGXINGLIAN ZHENGJIE

说了这么多同性恋的历史和他们独特的生活，大家心中可能已是疑窦丛生了：怎么样才能确定一个人是同性恋呢？是爱慕同性就算还是与同性发生性关系才算？如果一个人有过一次同性性经历，就算是同性恋了吗？一个男人喜欢女性装扮，他们就是同性恋吗？

这些问题实际上可以归结为一个问题，那就是什么是同性恋。

以往的观念认为："同性恋"和"异性恋"就像黑与白一样，是两个完全独立的、不同的类别。可是，这无法解释为什么有的人偶然会发生同性性行为，但依然会乐此不疲地追逐异性；而有的人却根本无法容忍与异性或同性发生性行为。美国印第安纳大学的金赛研究所（The Kinsey Institute）对此作出相对比较合理的解释。他们认为，这个世界上人们的性取向并不是截然不同的要么指向同性，要么指向异性，就像白与黑之间有很多灰度等级一样，在同性恋和异性恋之间，也有很多"灰度"等级和过渡地带：人们都或多或少地有一些同性恋和异性恋倾向，只是程度不同而已。金赛研究所建立了一个从0（完全的异性恋）到6（完全的同性恋）的量尺。中间的

阿尔弗莱德·金赛

阿尔弗莱德·金赛博士（Alfred Charles Kinsey，1894—1956），20世纪美国著名的生物学家和人类性学科学研究者。他曾在印第安纳大学担任昆虫学教授。1947年，他组织建立了专门的性研究所，研究人类的性行为。之后出版的著名的"金赛性学报告"掀起了一场性的革命。他对人类性学的贡献极大地影响了美国甚至世界的社会以及文化价值观。

“3”代表了具有相等的同性恋和异性恋倾向。

如下图所示，在完全的异性恋和同性恋之间，存在不同程度的同性或异性恋倾向。倾向异性恋的人们更多选择异性恋的生活，如果遇到适合的条件，他们可能偶尔会出现一些同性间的性行为，但绝对没有与异性性行为那样好的心理感受。这些人的生活还是以同异性组建家庭为主。当一个人的同性性经历超过与异性的性经历，并从中感受到更多同性间的刺激和愉悦，他（她）就有更多的同性恋倾向。因此，如果一个人偶尔发生一次或几次同性性行为并不能说他就是一个同性恋者，他们充其量只是具有同性性倾向而已。典型的同性恋者是那些绝对排斥异性恋的人群。根据金赛的报告，只有少数一些人（5%~10%）可以认为是完全的同性恋和异性恋。相反的，只有更少的一些人可以被认为是完全的“双性恋”。

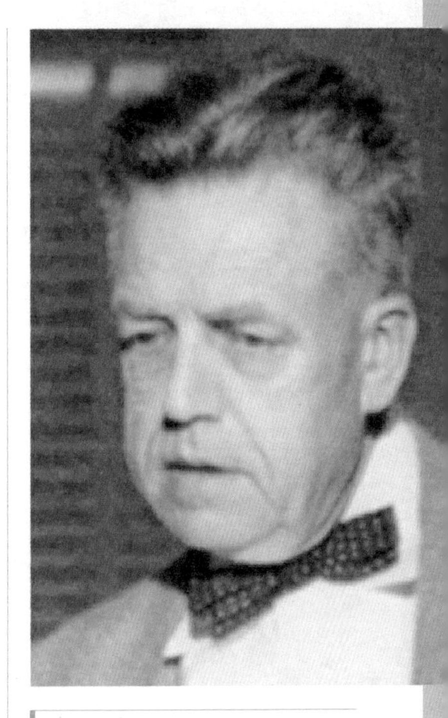

※ 阿尔弗莱德·金赛

金赛研究所的性倾向研究结果向人们传达了一种思想，我们不应该谈论“同性恋”，而应该说“同性性行为”。因为“同性恋”是一个很难定义的词；而“同性性行为”则能够很容易地通过两个同性之间的性行为而得到科学的界定。因此，我们可以更准确地说明，人们之间同性性行为的程度，或者说人们有不同程度的同性性经历。这样，我们也就可

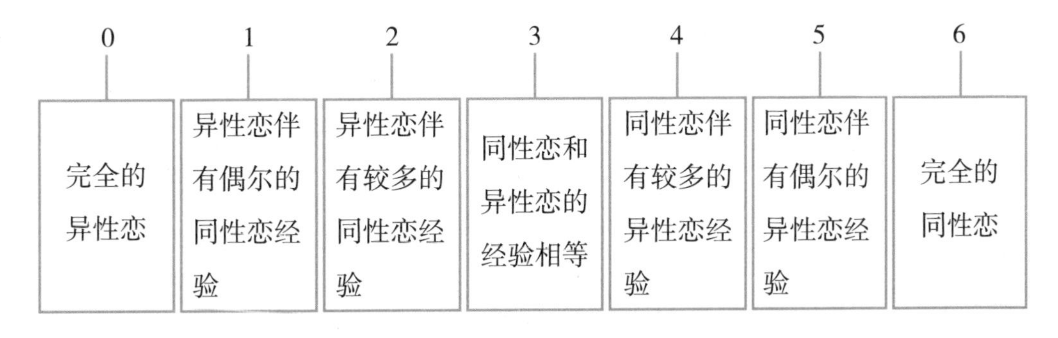

※ 金赛研究所提出的性倾向量尺

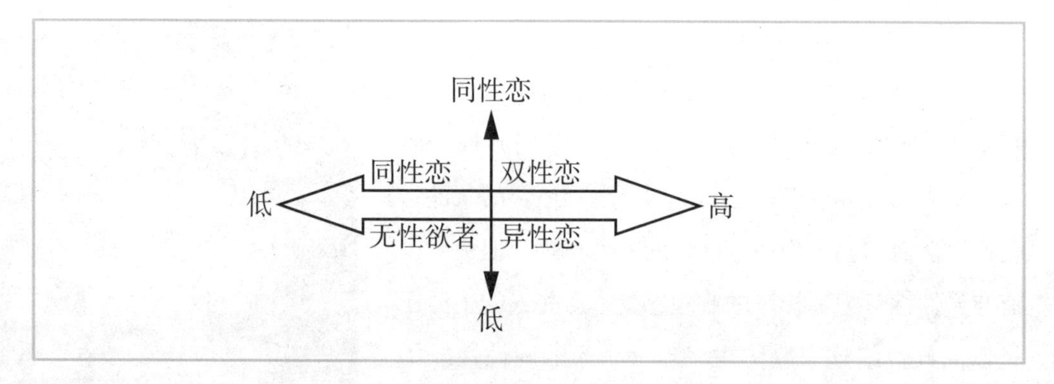

※ 对金赛单维量尺进行修正后提出的二维模式

以避免界定一个人是不是同性恋的问题了。

有一些研究者则认为，金赛的单维度量尺过于简单，便提出了“二维模式”。一个维度是异性恋（一个人对于异性的唤醒程度），程度是从低到高；另一个维度是同性恋（一个人对于同性的唤醒程度），程度也是从低到高。这一模式对于异性恋和同性恋的描述比金赛研究所的量尺更为复杂。

如图所示，有些人可能由于生理机能的问题，对同性和异性都没有兴趣，这些人被称为无性欲者；而有些人可能同性恋倾向和异性恋倾向都很高，他们能在追逐异性的同时又在被同性所吸引，并在两种角色中自由转换，他们就是典型的双性恋；而异性恋倾向远远高于同性恋倾向的，这个人就可以归为异性恋行列；剩下那些对异性的兴趣远远低于对同性兴趣的，我们就可以把他们称为同性恋者。

至于那些喜欢着异性装扮，性格气质模仿异性的人，他们可能有一定的同性恋倾向，但不一定都是同性恋者。他们中一些人可能是易装癖，也就是我们说的性变态者，他们通过穿着异性服装来体验所引起的强烈兴奋，“性取向”恋人明显指向异性。

看到这里，大家也许会问，同性恋是不是一种心理疾病呢？能否经过治疗被治愈呢？

19世纪末20世纪初，当德国正在用175条来惩治同性恋时，已经有一些医学专家把同性恋视为一种精神类疾病，并创造了homosexuality这个词用于同性恋的病理学诊断。后来，弗洛伊德进一步提出了同性恋不是疾病的观点。他坚持认为它是一种性角色认同的“倒错”，并且提出医院是治不了同性恋的，因为它不是神经疾病。到1973年，弗洛伊德的这种观点终于被多数精神病医生所接受，同年，美国心理协会、美国精神病协会以压倒多数的票数将同性恋行为从《美国精神病诊疗手册》上除名，这就意味着同性恋在美国从此不再被视为精神病。2001年4月20日，《中国精神障碍分类与诊断标准》第3版出版，其中明确写明，同性恋的性活动并非一定是心理异常。由此，同性恋不再被统划为病态。事实确实如此，同性恋者除了性取向有异于常人外，其他方面跟大多数异性恋没什么两样，既不存在无法适应社会生活的精神困扰，也不存在反社会的行为，在很多领域，他们可能比普通人更优秀。说到底，同性恋行为只不过是一种与异性恋同时存在的生活方式而已，是人类社会一种普遍存在的现象。任何试图将同性恋变成一个快乐的异性恋者的治疗都是没有意义的。

※ 说到底，同性恋行为只不过是一种与异性恋同时存在的生活方式而已

可是，凡果必有因，为什么会出现同性恋、异性恋或双性恋等不同的性取向？是什么决定了一个人的“性取向”的呢？

同卵双胞胎与异卵双胞胎

同卵双胞胎，指的是由一个受精卵发育成为的两个胚胎，这种孪生儿的性别一样，相貌和生理特征均非常相似。而异卵双生的双胎分别来自两个受精卵，两个胎儿的性别不一定相同，相貌和生理上也是有一定差异的。

※ 研究显示，双胞胎中一方是同性恋，另一方也很有可能是同性恋

同性恋性取向皆因生理发育异于常人？

有人以孪生兄弟姐妹和存在收养关系的兄弟姐妹为样本进行研究，结果发现，孪生兄弟姐妹中，一方是同性恋，另一方是同性恋的概率非常大；并且，同卵双胞胎在性取向方面的影响力要比异卵双胞胎的要高得多。而不存在血缘关系的兄弟姐妹中，性取向的影响就没有这么明显。由此，有生物学家认为，一个人的性取向可能与遗传因素有关。

还有一些生物学家认为，同性恋性取向的形成可能是在胎儿时期受到了不当激素的刺激。如前几章所提到的，在胚胎发展的关键时期，不适当的激素会导致女性出现男性的外生殖器，或者是男性出现女性外生殖器。有研究显示，下丘脑的分化和性取向在这一时期就被决定了。如果在这个关键时期孕妇接触到不正常的、高水平的雌性激素，生出的女婴更有可能成为女同性恋。

还有人认为，由于同性恋者和异性恋者大脑结构的差异，从而产生了人们“性取向”上的差异。神经学家西蒙·利威在1991年的一个研究中发现，男同性恋者和异性恋者在视丘下部的前部，某种细胞的比例有显著差异。从解剖学上来讲，男同性恋者视丘下部的细胞与男异性恋者的相比，与女性的更为相似。然而，这个研究没有得到经过多次重复证明，因此很难知道具有多大的可靠性。

■与父母关系严重失调导致同性恋?

这种观点来自于精神分析理论。其代表人物就是著名心理学家西格蒙德·弗洛伊德（Sigmund Freud），他把同性恋看作是一种性角色认同的倒错，在他看来，每个婴儿都是“变态倒错”（Polymorphous perverse）的——婴儿的性特征是不能辨别的，因此它可能向任何方向发展，既有恰当的也有不恰当的。他认为，同性恋是对同性父母的爱的延续和强烈的性渴望。弗洛伊德相信所有的人都是天生的双性恋。也就是说，他相信每个人都有同性和异性性行为的潜在欲望。如果一个人发现异性恋不是他想要的，没有让他产生愉悦感，那么他（她）就很可能发展为同性恋。

后来，其他的心理学家还发现，在同性恋者的家庭中，母亲往往占有支配地位，父亲处于弱小或被动的地位；母亲对孩子有过度的保护和亲密行为。因此，他们认为，一个男性后来害怕异性恋关系，可能是因为他母亲嫉妒性的占有和母亲的引诱引起了他的焦虑；同性恋的形成可能是基于对异性的恐惧。此外，心理学家们还发现，同性恋的男性与父亲之间的关系并不好，可以说是严重失调。因此，他们据此认为，这种家庭成长起来的男性将憎恨和恐惧带进了成年期，但仍然渴望得到父亲的爱和感情，因此选择了同性恋。

※　强势的、占有欲望强的母亲可能使男孩对异性充满恐惧

■早期不愉快的异性性经历导致同性恋?

这是行为主义者的论断。行为主义者认为，人类具有相对不定型的、未分化集中的“性驱力”。这种“性驱力”依赖于环境对他（她）的奖励和惩罚，从而可能向不同的方面发展。一个人如果早期的异性性经历是不愉快的，那么他（她）就有可能向着同性恋的方向发展。异性恋受到了“惩罚”，因此也就不喜欢了。譬如，当一个女孩在早期曾遭到过强奸，那么她的第一次与异性的性经历是非常不愉快甚至恶心、让她感到万分痛苦的，因而她逃避这种行为，转而向同性方向发展。如果早期的性经历是同性间的，并且很愉快，这个人就有可能发展成同性恋者。同性恋行为得到了“奖励”——正面的肯定，因此变得更受欢迎。

■童年玩伴倾向异性的人长大后会对同性感兴趣?

这是心理学家达里尔·本（Daryl Bem）的一个观点。他并不相信基因和其他生物学因素会直接如魔法般地决定一个人的性别。但他却相信，生物学因素是通过对一个人儿童时期性格的影响而对其性取向产生影响的。

按照他的理论，大多数男孩从事活泼的、具有挑战性的运动；而大多数女孩则进行相对安静些的活动。这样，大多数男孩童年会选择男孩玩耍，大多数女孩也会选择女孩做玩伴。但也有少部分的儿童，不具有其性别应该具有的典型的性格特征：一些男孩相对安静，一些女孩相对活泼好斗。这样的男孩童年的玩伴更多是女孩；这样的女孩则会有许多男孩朋友。

这些童年期的玩耍及与玩伴的经历，使他们感到那些很少在一起玩的孩子与他们是不同的，甚至是神秘的和新奇的。无论是在童年、青少年还是在成年，新奇的对方的出现都会引起一般性的唤醒。对于异性恋者来说，新奇的人是异性成员——他们在童年时期很少接触，现在变成了情欲的对象。对于同性恋者来说，新奇的人是同性成员——童年期他们觉得与自己不同的，而现在却变成了情欲的对象。

他人的暗示可以制造一个同性恋？

他人的暗示可以制造一个同性恋？这种说法不是空穴来风。当今社会，同性恋这个词还是有一定的贬损意味的。如果一个年轻男孩，性格比较阴柔内向，就会被人们认为不像男子汉，甚至怀疑是同性恋。周围持这种评价的人多了，这个男孩就会变得越来越担心和焦虑。渐渐地，意识到自身的轻微同性恋倾向使得他感到很痛苦，最终说服自己：他就是一个同性恋者。于是，开始从事同性恋行为并与同性恋组织接触。

上述这些形形色色的说法可能在某种程度上能够解释一些同性恋现象的产生，但不能涵盖所有。事实上，前面提到的混乱的父母关系对一个人的影响被夸大了，一个人成为同性恋者还是异性恋者，父母关系的影响是很小的，甚至是没有影响的。他人的暗示使一个人变成同性恋的说法，还有早期不

※ 童年玩伴的选择似乎也影响着人的性取向

愉快的异性性经历导致同性恋的说法并没有得到资料的支持。早期愉悦的同性性经历使人变成同性恋同样缺乏实证资料。

同性恋，这个千古谜题至今仍然笼罩着一层神秘色彩……

中外优秀同性恋电影

- 《莫瑞斯》（Maurice）
- 《暹罗之恋》（The Love of Siam）
- 《断背山》（Brokeback Mountain）
- 《蝴蝶君》（M. Butterfly）
- 《去王府》（To Wong Foo）
- 《神父同志》（Priest）
- 《玻璃情人》（Carrington）
- 《费城故事》（Philadelphia）
- 《不羁的天空》（My Own Private Idaho）
- 《王尔德的情人》（Wilde）
- 《星闪闪》（Twinkle）
- 《愈爱愈美丽》（Beautiful Thing）
- 《甜过巧克力》（Better Than Chocolate）
- 《美国丽人》（American Beauty）
- 《蝴蝶》
- 《蓝宇》
- 《霸王别姬》
- 《春光乍泄》
- 《今年夏天》
- 《游园惊梦》